海洋石油生产设施
节能措施案例汇编

阎洪涛　主编

U0271025

中国石化出版社

内 容 提 要

《海洋石油生产设施节能措施案例汇编》以中海石油(中国)有限公司深圳分公司现场实施的节能减排项目为基础,对项目进行了梳理,并按照节能管理措施及节能改造措施进行了分类。节能管理措施部分由生产运行优化、资源节约及回收利用、东部海域三用船节能管理三类组成,节能改造措施由放空气回收、余热回收、设备改造及生产工艺优化四类组成,《汇编》中对措施的实施背景、具体改进内容及实施后的效果进行了详细介绍,可为同行业企业节能工作的开展及节能措施的实施提供经验借鉴。

图书在版编目(CIP)数据

海洋石油生产设施节能措施案例汇编／阎洪涛主编.
—北京：中国石化出版社,2019. 11
ISBN 978-7-5114-5587-1

Ⅰ.①海… Ⅱ.①阎… Ⅲ.①海上油气田-采油设备
-节能-案例-中国 Ⅳ.①TE952

中国版本图书馆 CIP 数据核字（2019）第 263780 号

中国石化出版社出版发行
地址:北京市东城区安定门外大街 58 号
邮编:100011 电话:(010)57512500
发行部电话:(010)57512575
http://www.sinopec-press.com
E-mail:press@ sinopec.com
北京富泰印刷有限责任公司印刷
全国各地新华书店经销
＊
710×1000 毫米 16 开本 11 印张 195 千字
2019 年 12 月第 1 版 2019 年 12 月第 1 次印刷
定价:58.00 元

《海洋石油生产设施节能措施案例汇编》
编　委　会

主　　　编：阎洪涛

副　主　编：李　锋　魏丛达

编委会成员(按姓氏笔画排序)：

万年辉　王　钊　王升东　卢玉峰　李　平　吴小路

张全清　杨浩波　郭　伟　薛　刚　戴德林

撰　稿　人

节能管理措施类

1　生产运行优化

高　阳　张立新　宗俊斌　林湧涛　齐艳超　陈岳林　彭信翔
黄映宁　陈旭晖　李　涛　李　强　李胜吉　陈秋实　褚　浩
张加林　张　鹏　周晓法　张　涛　杜胜兵　龙彦吟　范广磊
尹玉豪　谭宏佼　曾庆文　朱　伟　任宇佳　李笑东　刘红忠
何素娟

2　资源节约及回收利用

段小康　成应杰　周　瑞　赵克良　阚晓辉　童　园　韦　兵
黄焕峰　贾　岩　卢雄辉　程　博

3　东部海域三用船节能管理

李　民　董玉宽

节能节水技术改造类

1　放空气回收

刘　飞　王　卓　李　平　潘　坚　李　强　吴聪业　孟全意
常鹏举

2　余热回收

徐　迟　舒　军　龚玉林　潘　坚　陈新良

3　设备改造

孙祥明　高　阳　张立新　何子乾　尤晓泽　郑国英　殷　俊
胡光辉　姚大泉　李　强　李猛超　李大勇　唐志刚　何　钊

4　生产工艺优化

马振华　杨　勇　樊春明　陈琦铭　胡剑华　胡园生　韦鉴标
刘小龙　吴奇林　张文忠　葛怀栋

统　稿：刘红忠　何素娟　卢雄辉　李　强　常鹏举　何　钊
　　　　吴聪业　孟全意
校　核：李　平　潘　坚　程　博

1

前 言 《《《

Preface

    中国是目前世界上第一位能源消费国，能源供应为经济社会发展提供了重要的支撑。2016 年，中国能源消费总量约为 43.6 亿吨标准煤，其中化石能源消费占比高达 86.7%。能源消费的持续增长带来了一系列的环境问题，我国主要空气污染物的排放大大超过了环境承载能力，雾霾的发生和空气污染物的排放有直接关系。同时，能源的高消费带来了温室气体的高排放，温室气体对气候变化有决定性影响，而气候变化已成为国际关注的焦点。2015 年 6 月 30 日，中国向《联合国气候变化框架公约》秘书处提交了应对气候变化国家自主贡献文件《强化应对气候变化行动——中国国家自主贡献》，提出了具体的行动目标，对碳排放做出了承诺。面对能源消费增长过快、能源安全形势严峻、能源环境问题突出、生态环境压力增加等一系列问题，国家推出了一系列的措施，而节约能源是解决上述问题的重要措施之一，节约能源已成为中国经济社会发展长期而艰巨的战略任务。海洋石油行业是耗能大户，节约能源既是应担负的责任，又是增强自身发展动力、降本增效的保障，但海上设施地理环境特殊复杂、远离陆地、生产作业空间有限，因此相比陆地企业，海上设施开展能源节约工作难度很大，如何有效地开展节能工作，成为摆在海洋石油工作者面前的一道技术难题。

    中国海油既是能源的消费者，同时又是能源的供应者，更加深刻地理解能源节约的重大意义。中国海油以绿色发展理念为导向，以实现节能目标为前提，以建立和完善管理体系为基础，以先进节能技术应用为抓手，以创新节能管理方式为突破，实施全员、全过程的节能管理。同时，中国海油重视节能项目的实施，每年投入大量的资金，并通过先进节能技术的应用、节能技改项目的实施实现了节能降耗、降本增效的目的。中海石油(中国)有限公司深圳分公司(以下简称"深圳分公司")积极响应国家及集团公司的号召，高度重视节能减排工作，推动全员树立节能理念，持续优化能源结构，大力推进节能措施的实施，以节能措施保障能源节约。深圳分公司对已实施的节能措施按照节能管理措施及节能改造措施进行了分类，节能管理措施由生产运行优化、资源节约及回收利用、东部海域三用船节能管理三类组成，管理措施并不需投入资金或只投入了较少的资金，但部分项目实施后产生的节能效果却非常明显。节能改造措施由放空气回收、余热回收、设备改造及生产工艺优化四类组成，改造措施则需要通过投入资金实现，大部分节能改造措施可实现较大的节能量，尤其对于放空气回收及余热回收措施，对于节约能源及降低污染物及温室气体排放可起到非常显著的作用。在完成集团公司及地方政府的节能指标上，大量节能措施的实施起到了决定性的作用，2010 年至 2018 年期间，深圳分公司总计实现了 10 万多吨标准煤的措施节能量，出色地完成了集团公司及地方政府的节能任务。

为了进一步推动节能措施的实施，并为海上油气田生产设施在以后的节能措施发掘中提供经验，深圳分公司组织编写了《海洋石油生产设施节能措施案例汇编》。在编委会的总体安排下，本书由阎洪涛负责策划、总体构思和设计，阎洪涛担任主编；李锋、魏丛达进行全书的审核和修订，担任副主编。

本书在编写过程中得到了中国海油系统内及社会上的众多同行专家的鼓励和支持，在此表示衷心的感谢。

由于编者水平有限，本书难免存在不足之处，恳请广大读者不吝赐教，提出宝贵意见，以便在今后的修订中加以改进和完善。

目 录 《《《《

Contents

第一篇 节能管理措施汇编

第一篇
节能管理措施汇编

1　生产运行优化

1.1　措施概况

海上生产设施由生产工艺设施及公用系统设施组成。生产工艺设施主要包括平台、FPSO 及陆地终端的原油处理系统、生产水处理系统、天然气处理系统等，天然气处理系统由脱水、脱碳等单元组成；对于天然气终端，可能存在 LPG 系统和凝析油系统。公用系统设施主要包括冷却系统、仪表风系统、热介质系统、空调及冷藏系统、淡水系统、柴油系统、惰气发生系统、发电及输配电系统等。

各系统在运行过程中，存在大量的运行优化空间，生产人员可通过调整系统运行状况，优化生产过程，降低生产设施能源消耗，提高生产效益。系统存在运行优化空间的原因如下：（1）运行工况与设计存在偏差。海上生产地质条件和地理环境十分复杂，导致生产设施投产后，各系统运行工况与设计运行工况存在较大偏差，设计运行工况是设计工程师经过优化评估后的结果，实际运行工况现场人员一般根据经验进行逐步调整，因此，实际运行工况未必处在最优化状态，需要现场人员不断对生产工况进行分析、判断，对生产过程进行优化，找到最佳的运行工况。（2）生产设施在运行过程中，由于地质条件变化、设备老化、平台改造等因素，运行工况需随之调整，调整之后运行工况一般很难处在最佳运行状态，因此，需要对调整后运行工况进行分析及优化，重新确定最佳运行工况。

生产运行优化一般可通过以下几种思路实现：（1）参数调整。参数调整指对生产工艺设施或公用系统设施运行参数进行调优，如优化运行温度、压力，或设备运行时间。（2）流程优化。流程优化指在对工艺流程不进行改造或较小改造的情况下，通过对工艺流程部分单元的切换或切出，实现生产工况的优化，降低生产过程能源消耗。（3）设备运行调整。生产过程中设备处于"大马拉小车"运行状况，若工艺流程中存在多台设备并联，则考虑通过调整负荷对部分设备进行关停；若只有单台设备，则考虑利用空闲小功率设备进行替换，实现减小设备运行功率的目的，降低设备能源消耗。

深圳分公司非常重视生产运行优化，从平台一线操作人员至平台管理人员，不断对现有生产工况进行思考、分析，提出了很多建设性意见，大部分意见经过认证讨论，得到了一致认可，并在现场进行了实施。

1.2 措施应用情况

1.2.1 番禺30-1平台钻井模块向生产模块反向送电

一、背景

番禺30-1平台生产期间采用透平发电机(5300kW，3.3kV)供电，钻井模块在无钻井作业时，由生产模块通过钻井变压器(3.3kV/600V，3000kVA)将3.3kV降压至600V供给钻井配电盘(顺向送电)。平台停产期间，由于平台实际负载(1200kW)比较低，透平发电机采用燃油模式时油耗高，且经济性能差，而且对燃油质量要求高。钻井模块在钻井期间4台钻井柴油发电机(1200kW，600V)为钻井模块单独供电，钻井柴油发电机燃烧效率高，油耗低，功率可调范围宽。

二、改进措施

透平发电机采用燃油模式时效率低，而钻井柴油发电机燃烧效率高，因此对平台供电系统进行改进，使用钻井柴油发电机替代透平发电机为平台供电，将钻井柴油发电机所输出的电能，利用钻井配电盘，通过钻井变压器(3.3kV/600V，3000kVA)将600V升压至3.3kV供给生产配电盘，实现电能的反向传输，从而为整个平台提供动力。

钻井变压器(3.3kV/600V，3000kVA)为普通树脂干式变压器，连接形式为D/d0，可以反向使用。平台配电盘主回路电缆及母排设计为4000A/400V(630A/3300V)载容量，反送电期间负荷只有800kW，可以满足使用要求。

项目具体实施过程如下：

1. 保护信号校对和改造

通过查找资料和图纸，校对平台生产配电盘、钻井配电盘、火气系统、应急关断系统，发现原设计保护可以满足反送电需求：

(1)变压器两侧的高、低压开关可以实现连锁跳闸；

(2)钻井发电机、机房、变压器房的火气和应急关断系统可以实现全覆盖；

(3)VCB106开关的ESD信号虽未接入，但可以通过钻井模块、钻井发电机的ESD信号动作，使VCB106开关失压跳闸。

2. 电气控制回路改造

平台原设计只允许生产模块向钻井模块顺向送电，所以合、分闸信号均为连锁信号，开关合闸顺序无法直接反向，即ACB1和VCB106开关均缺少合闸电源。于是对两个配电盘的控制回路进行了如下改造：

(1)低压盘改造方案：钻井600V配电盘设置合闸电源选择开关，引入母线电源，实现正向送电和反向送电合闸操作电源的切换；

（2）中压盘改造方案：在 VCB106 控制面板上加装一个旁路开关，将试验位的 UPS 电源作为合闸电源；

（3）零序保护：根据实际试验情况，如有必要，选择性退出零序保护。

3. 钻井变压器及配电盘检查

对钻井变压器进行年检校验，紧固连接电缆，并对温控器进行保护测试，均满足要求。

对钻井配电盘进行检查，对 5 台主开关进行年检校验，4 台满足要求；3#发电机出口开关故障，予以送修。

4. 钻井发电机检查

由厂家对 4 台发电机进行年检，并对保护和控制回路进行测试，1#/2#/4#发电机均满足使用要求，3#发电机存在一定的问题，不予使用。

5. 生产模块配电盘检查

对生产模块中压盘 VCB106 开关柜进行检查，核对综保参数及功能测试，检查互感器接线和主回路线路状态，测试高、低压开关联跳功能，均满足反送电要求。

6. 空载试验

2017 年 9 月 25 日先后进行了多次空载合闸测试，包括发电机单机在线模式下的反送电合闸和发电机双机并网模式下的反送电合闸。最终总结出反送电操作流程如下：

（1）启动 1#发电机，ACB2 开关合闸送电至 600V 母排；

（2）启动 2#发电机，自动并车合闸 ACB3 开关，双机并网运行；

（3）快速合闸 ACB1 开关，给 600/3300V 变压器送电；

（4）快速解列其中一台发电机，退出 600V 母排，保持单机在线；

（5）合闸送电钻井 600/400V 变压器，启动钻井辅助设备；

（6）合闸中压盘开关 VCB106，送电至生产模块中压盘 MB 段；

（7）在中压盘对平台主变进行投入，再投入相应负载；

（8）根据实际负载大小情况，确定是否再投入一台发电机并机或退出。

7. 带载测试

2017 年 09 月 27 日开始进行反送电带载测试：

钻井发电机机组启机约 9h，带载测试约 8h，基本负荷 400kW 左右，最高冲击负荷约 810kW。期间发电机、变压器、应急发电机、中低压盘均运行正常；除了中压盘 MA 段上 3.3kV 海水提升泵没有反送电测试外，平台电力系统其他环节均进行了反送电电源的测试。

带载测试过程中没有发现异常，反向运行的钻井变压器温度和正向运行时温度接近，没有出现严重发热现象。

8. 试运行

通过和 400V 海水泵换型项目配合，自 2017.10.5 开始试运行一周，平台供电电源由透平发电机切换至钻井发电机。经测试日常基本负荷在 600kW 左右，高峰期负荷在 800kW 左右，电力系统运行平稳，供电可靠。

9. 反送电项目实施

自 2017.10.5 开始，至 2018.02.05 结束，平台复产项目期间实行反送电运行；钻井发电机运行平稳，电力系统运行平稳，供电可靠。

三、效果评价

1. 经济效益

反送电节能实施后，大幅节约了发电用柴油消耗。经测算，该项目和海水泵换型项目同时实施后发电柴油油耗由原 17m³/d 降低到 4m³/d，每天可以节约柴油 13m³，累计可以节约柴油 1600m³（扣除海水泵换型的柴油节约量，本项目统计期内节约柴油 1492m³），项目统计期内节约标煤 2173.4tce；节约费用约 735.4 万元。该供电方案有效降低能耗，节能效益明显，大幅降低碳排放，经济效益显著。

2. 供电效益

反送电改造成功后，除主发电机和应急发电机两套电源外，为平台电力系统增加了一套备用电源，在停产、大修期间可以有效减小平台停电几率。

1.2.2 番禺 34-1 平台 MRU 再生塔重沸器温度参数优化

一、背景

番禺 34-1 中心平台主要开采番禺 34-1 气田、番禺 35-1 气田及番禺 35-2 气田，其中番禺 35-1/35-2 气田采用水下生产模式进行开采。在海管输送过程中需要加入贫乙二醇来抑制水合物的形成，MRU（乙二醇回收系统）将返回到平台的富乙二醇进行回收处理。

MRU 由预闪蒸、预处理、脱水再生和脱盐闪蒸四个单元组成，其中脱水再生单元作为 MRU 的核心部分，利用重沸器对富乙二醇进行升温至 132℃，随后在再生塔中蒸馏出大部分水分，最终将富乙二醇提纯为含水低于 20% 的贫乙二醇。

番禺 34-1 平台配备了两套功率为 9000kW 的废热/补燃装置（WHRU），

单套 WHRU 中透平(全负荷)尾气提供 4500kW 热量，补燃系统(全负荷)提供 4500kW 热量。在废热提供热量不满足生产工艺需求时，可以通过燃料气补燃对热媒油补充加温。通过废热回收单元热媒油被加热到 220℃ 后供给各热介质用户，其中重沸器是最大的热媒用户。热媒加热系统组成及工艺流程如图 1-1-1 所示。

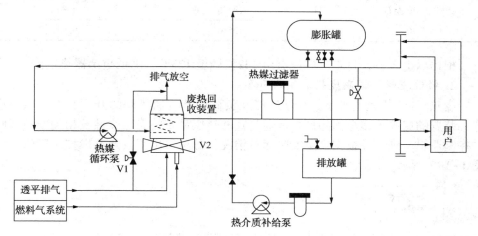

图 1-1-1　热媒系统流程简图

　　MRU 投产初期的处理量即大于 3m³/h，此时为维持再生塔重沸器的正常运行，需要启动补燃模式才能维持热媒系统至工作温度。但补燃系统启动后存在如下问题：一是需额外消耗燃料气，二是部分透平废热通过旁通阀直接将尾气中的热量排掉造成浪费，未能做到资源的节约及合理使用。

　　二、改进措施

　　为降低燃料气消耗，同时充分利用透平尾气余热，平台对 MRU 工艺及废热利用系统的操作进行了详细研究，对操作参数进行了逐步调整，于 2015 年 9 月完成了操作的优化，从而降低了燃料气的消耗。具体优化步骤如下：

　　1. 优化生产参数，降低用户热量需求

　　根据 MRU 厂家推荐，重沸器温度设定值为 132℃，实际生产中通过数据分析发现，当富乙二醇含水率 70% 左右时，再生塔贫乙二醇侧塔底温度达到 123℃以上，即可生产出含水合格的贫乙二醇。

　　根据前期的生产经验，在保证再生塔贫乙二醇侧塔底温度 123℃ 以上的前提下，逐渐降低重沸器的操作温度，发现当操作温度设定值为 125℃ 左右，再生塔贫乙二醇侧塔底温度可保持在 123℃ 以上，且脱水后的贫乙二醇含水低于 20%，如表 1-1-1 所示。

表 1-1-1　再生塔贫 MEG 侧塔底温度与贫 MEG 含水率关系

再生塔入口富 MEG 含水率/%	再生塔贫 MEG 侧塔底温度/℃	再生单元出口贫 MEG 含水率/%
70 左右	115.0	28.48
70 左右	120.0	22.41
70 左右	121.5	21.94
70 左右	123.6	19.94
70 左右	125.0	19.64

根据以上分析，将重沸器设点由 132℃ 调至 125℃，降低重沸器热量需求。

2. 修改逻辑，提高废热尾气利用率

废热/补燃装置主要涉及补燃启停及负荷调节、加热阀的开度、中央风机启停、装置的启停等多个回路调控。通过查阅热媒系统的完工文件及相关废热回收的控制逻辑文献，并根据现场实际运行情况，分析得出了废热补燃控制逻辑，如图 1-1-2 所示。

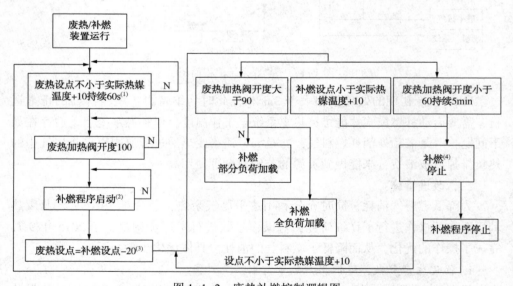

图 1-1-2　废热补燃控制逻辑图

注：(1) 实际热媒温度为废热/补燃装置出口处检测得到的热媒温度。

(2) 补燃程序启动时，补燃系统将进行自检测程序，此时补燃附加系统（中央风系统）启动，测试合格后才进行点火过程。

(3) 当补燃启动后，之前设置的废热设点自动转换成补燃设点，同时废热设点自动下降 20℃。

(4) 补燃停止延迟 0.5h 后中央风系统停止，同时补燃程序停止。

通过图 1-1-2 可以得知，当补燃启动后废热设点自动降低 20℃，由于加热阀的开度受废热设点与实际热媒温度之间 PID 的运算影响，当废热设点在设点基础上降低20℃后，由于补燃的运行使得实际热媒温度上升，此时通过PID的运算调节，加热阀将逐步关小，旁通烟板阀逐步开大。旁通烟板阀的开大将导致大量的尾气直接排掉，损失大量的热量。为此该项目攻关小组对逻辑进行了优化，通过计算后决定将废热的设点由减20℃改为减5℃，从而保证在补燃启动后，旁通烟板阀开度维持较大值。

图1-1-3为逻辑修改前后补燃启动后烟板阀开度情况。当逻辑修改后，补燃烟板阀开启得到了极大的改善，补燃启动后旁通烟板阀开度始终在95%以上，使得尾气的使用率大大提高。

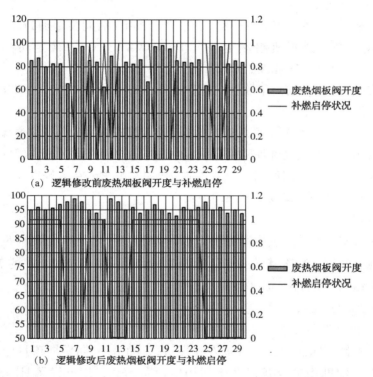

(a) 逻辑修改前废热烟板阀开度与补燃启停

(b) 逻辑修改后废热烟板阀开度与补燃启停

图1-1-3　逻辑修改前后补燃启动后烟板阀开度情况

三、效果评价

操作优化完成后，重沸器的操作温度由设计的132℃调低至125℃，减少了热媒的消耗，同时废热利用率得到了提升，大幅降低了补燃燃料气的消耗。经测算，通过实施以上改进措施后，重沸器在3m³/h的处理量时，平均每天少启用1次补燃系统，平台每日天然气耗量由优化前的4219m³下降至3233m³，每天减少天然气用量约1000m³，年节能量为406.7tce。

优化后系统运行良好，贫乙二醇产品的含水率低于20%，完全符合质量标准。

1.2.3 荔湾3-1平台停产大修租用柴油发电机

一、背景

平台大修期间电力、公用气、生产生活用水供给、消防设施等生产生活辅助设施正常运行，其中电力供应是大修工作能否顺利开展的基础，绝大部分大修工作需在电力的支持下完成。荔湾3-1平台设有两台透平发电机、一台应急发电机，设备基本情况如下：

主发电机：2台6.3kV Solar 燃气透平发电机组（后期会增加到3台），正常工况下一用一备；透平机组额定容量15251kVA（36℃），额定功率12200kW（0.8PF）；机组出力11504kW（36℃）。

应急发电机：1台河南柴油机，额定功率1520kW（0.8PF），同时作为主电源的黑启动电源及应急保障。

正常生产期间荔湾3-1平台作为下游天然气需求的主力气源需要保持连续稳定，由于气田保供及流动性保障需要对应急发电机电源需求苛刻，因此应急发电机不宜在大修期间长时间使用；而主透平发电机功率大，在大修期间燃油模式下日油耗高，很不经济，造成了燃油的浪费。

二、改进措施

为解决大修期间电力供应经济性及能源浪费问题，平台租用临时发电机为大修期间供电，2017、2018连续两年荔湾3-1平台租用1台1000kW的MTU柴油发电机，机组型号为THMM1000PB。

具体实施步骤为：

1. 汇总用电设备功率

为减少大修期间能耗，平台多方收集信息，汇总一期后期项目施工用电设备、平台生产辅助用电设备以及生活用电设备信息，用电设备具体信息如表1-1-2所示。

表1-1-2 大修期间用电设备信息

用电类型	连续用电设备	功率/kW	间歇用电设备	功率/kW
生产辅助设备	应急海水提升泵、应急冷却水泵、海水增压泵、NaClO橇、海水反冲洗过滤器、淡水泵、空压机、膜制氮橇、造水机	500	生产区照明、MRU照明	80

续表

用电类型	连续用电设备	功率/kW	间歇用电设备	功率/kW
应急用电设备	FGS UPS 电源、UPS 电源、深水 UPS、通信设施、消防系统、应急照明、CCR、MCC 空调	150		
一期后期项目用电	电焊机、磨机、电动切割机	80	液压切割设备、电动打压设备、照明、液压扳手、液氮橇	75
生活用电	中央空调、生活楼照明、日常用电设备、生活污水橇	150	热水罐加热器、生活楼插座、厨房用电设备	180

同时平台计划严格控制大修期间用电，既可保障电力供应，又能控制能耗和用电安全。平台在大修期间采取措施如下：

（1）基于作业时间、作业地点、作业天气情况提供生产区必要照明；

（2）生活楼插座电源在非工作时段断电；

（3）日常生活热水定时供应，非早、中、晚时段，停生活楼热水加热器；

（4）海水提升泵出口开度调小，减小输出轴功率；

（5）大修作业中大功率设备使用提出用电申请，控制作业时间，非关键设备房间空调不启动制冷；

通过对用电设备进行梳理及以上措施的采取，在大修期间发电机实际负荷可控制在 630~910kW 之间。基于以上用电情况的统计分析，租用 1 台 1000kW 的柴油发电机即可保障电力供应。

2. 安装临时发电机

（1）确定临时发电机安装至平台 41m 甲板 Class I Division 2 区域的设备预留区，该区没有受影响的火焰探头。

（2）将临时发电机油箱与 41m 甲板的透平日用罐液位计连接，并连接电缆至 29m 甲板变压器间的 400V 变压器。发电机连接情况如图 1-1-4 所示。

三、效果评价

大修期间租用临时发电机并停用气转油运行模式的主透平发电机，直接节约了燃料，并减少了温室气体及污染物排放。同时，平台应急发电机承担备用机功能，减少了电力中断的可能，确保其完好性、可靠性，为平时大气田保供及现场安全提供了保障。

图 1-1-4　发电机现场连接情况

停产大修期间租赁柴油发电机与 2016 年大修运行主发电机相比柴油消耗对比情况如表 1-1-3 所示。

表 1-1-3　柴油消耗情况对比

时间	第 1 天/m³	第 2 天/m³	第 3 天/m³	第 4 天/m³	第 5 天/m³	第 6 天/m³	第 7 天/m³	总计/m³	平均/(m³/d)
2016 年大修柴油用量	27	29	37	34	N/A	N/A	N/A	127	31.75
2017 年大修柴油用量	3	5	6.4	5.52	4.33	4.9	4.26	33.41	4.77
2018 年大修柴油用量	1	5.13	5.28	4.79	5.37	3.99	2.29	27.85	5.06

以 2018 年为例，大修期间租赁柴油发电机效果如下：

（1）每日节约柴油消耗 26.69 m³，5.5 天时间共节约了 146.8m³，扣除临时发电机 7 天租赁费用 21 万，节省费用 69 万元；

（2）节约标准煤 = 146.8×0.835×1.4571 = 178.6tce，减少排放 454t 二氧化碳当量。

2018 年大修期间临时发电机运行基本平稳，运行过程中出现过临时发电机淡水冷却风机皮带打滑导致淡水温度高而停机问题，未出现因设备负荷、用电管理问题而造成故障的情况，基本达到了预期效果，安全顺利地完成了大修既定任务，也为节能减排工作开辟了新的途径，取得了良好的示范效果。

该项目在应用过程中需要留意用电负荷量维持在租用发电机组的发电能力范围内。在停产最后阶段复产之前，深水气井需要提前启动甲醇泵对井口注入甲醇，会增加临时发电机负载，负载接近临界值时会引起淡水温度升高而可能导致临时发电机关停，因此，需考虑甲醇泵或其他用电负荷增加，接近临时发电机组额定容量时，适时启动主发电并入电网，保证用电安全。

1.2.4　珠海终端提高液态产品丙烷中丁烷含量，降低 LPG 调和量

一、背景

珠海终端生产的主要液态产品是丙烷、丁烷、稳定轻烃及凝析油。销售的液化石油气(丙烷和丁烷的混合物)则必须每次根据销售部门的市场需求量及配比要求(根据市场情况，液化石油气中丙烷和丁烷的混合比通常采用 7：3 或者 6：4 的配比)由终端外输部门同时分别启动丙、丁烷调和泵调和而成，这势必造成调和泵长时间运转，并造成电能的消耗和泵体本身磨损，使用寿命缩短，增加设备维修成本。

为了降低 LPG 调和量，生产符合客户要求的液化气，实现节约能源，在不增加投入的基础上提高经济效益，终端生产部门充分认识到只有在现有天然气生产处理工艺的基础上下功夫，仔细查找出制约丙、丁烷调和的瓶颈，进行优化工艺、设备、流程等各相关参数，深挖潜能，才能根本上解决难题。

二、改进措施

终端生产的液态丙烷产品中丁烷含量仅为 1.5%，如果按照 6：4 的比例进行配比的话则需要启动丁烷调和泵将大量的丁烷从丁烷储罐转至丙烷储罐，以终端 LPG 年外输 6 万 m^3 的量来算，需将 2.4 万 m^3 的丁烷输转至丙烷储罐。针对以上调和情况，2014 年，终端通过优化调整脱丙烷塔温度和压力参数，使更多的丁烷组分进入丙烷产品储罐，提高了丙烷产品中的丁烷含量，极大地减少了丁烷的调和量。

调整丙、丁烷比例具体措施如下：

(1) 调整脱丙烷塔温度和压力参数，使得更多的丁烷组分进入丙烷储罐，并控制其丙烷产品中 C_3 与 C_4 比例在 7：3 左右。丁烷塔参数进行细微调节，保持其原有纯丁烷产品进入丁烷储罐。

(2) 参数的调整引起系统各参数的波动和各设备运行不稳定，通过生产中控与现场人员紧密配合，重点加强分馏单元各参数和运行设备的巡检，实现稳定运行。

(3) 生产化验员对 LPG 跟踪化验，增加取样化验次数，同时密切与中控操作人员沟通，对于由此引起的组分变化及时告知，生产人员则马上查找原因、实

时跟踪，使其对应的丙烷储罐中丙烷与丁烷比例逐步调至 6 : 4，满足客户要求。

三、效果评价

通过优化分馏参数，将液态丙烷产品中的丁烷含量从 1.5% 提升到接近 25%。以 LPG 中丙烷和丁烷的混合比仍然为 6 : 4，年外输量 6 万 m^3 来计算，则需要调和的丁烷数量仅为 1.2 万 m^3 左右，丁烷调和量减少了 50%，调和工作量大为降低。参数优化前、后产品化验结果比较如表 1-1-4 所示。

表 1-1-4 参数优化前、后产品化验结果对比记录

产品名称	取样地点	取样时间	C1 mol%	C2 mol%	C3 mol%	iC4 mol%	nC4 mol%	iC5 mol%	nC5 mol%	C6+ mol%	CO2 mol%	N2 mol%	雷德蒸汽压 psi	饱和蒸汽压 kPa	相对密度
丙烷	A套入罐管线	2:30		0.014	98.711	1.166	0.109							1281.84	0.5083
		9:00		0.000	98.826	1.028	0.146							1283.610	0.508
		14:00		0.000	98.832	1.041	0.127							1283.61	0.5081
		21:00		1.487	96.981	1.373	0.159							1332.993	0.507
	平均值			0.375	98.338	1.152	0.135							1308.30	0.5076
丁烷	A套入罐管线	3:00			9.982	44.220	45.567	0.231							
		9:00			6.119	45.36	48.499	0.022						289.34608	0.579
		14:00			5.553	44.097	50.318	0.032							
		21:00			5.852	42.73	51.312	0.106						292.40941	0.579
	平均值				6.877	44.102	48.924	0.098						290.88	0.5788

产品名称	取样地点	取样时间	C1 mol%	C2 mol%	C3 mol%	iC4 mol%	nC4 mol%	iC5 mol%	nC5 mol%	C6+ mol%	CO2 mol%	N2 mol%	雷德蒸汽压 psi	饱和蒸汽压 kPa	相对密度
丙烷	A套入罐管线	2:30													
		9:00		1.25	73.760	18.541	6.442							1036.374	0.520
		14:00													
		21:00		1.87	74.765	17.997	5.36							1073.468	0.518
	平均值			1.56	74.263	18.269	5.901							1054.92	0.5190
丁烷	A套入罐管线	3:00													
		9:00			27.27	71.46	0.095	0.175						293.04575	0.579
		14:00													
		21:00			27.976	71.98	0.042	0						295.51732	0.578
	平均值				27.623	71.721	0.569	0.088						294.28	0.5785

参数优化前调和 2.4 万 m^3 丁烷，需要近 480h；参数优化后的丁烷调和量减至 1.2 万 m^3，调和时间减至 240h，降低设备磨损延长设备寿命。以丁烷调和泵 65kW 的额定功率来算，年节约用电超过 15600kW·h，折合标煤为 1.9tce，年效益 1.36 万元。此优化方案无须改造设备，不产生改造费用，有利于终端降本增效。

目前珠海终端仍然通过提高液态产品丙烷中丁烷含量来降低 LPG 调和量，应用效果良好。

1.2.5 珠海终端循环水风冷塔运行时间调整

一、背景

珠海终端循环水系统为工艺装置提供冷却水，最初水源来自市政供水管网，将循环水池、玻璃钢循环水冷却塔充满水，启动循环水泵将冷水加压后输送至各

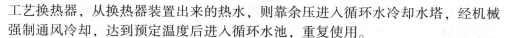

工艺换热器，从换热器装置出来的热水，则靠余压进入循环水冷却水塔，经机械强制通风冷却，达到预定温度后进入循环水池，重复使用。

循环水冷却塔为机械式通风逆流式冷却塔。热水通过上水管进入冷却塔，通过旋转布水器布水，使热水沿塔平面呈网状均匀分布，然后通过喷嘴将热水洒到填料上，穿过填料成雨状通过空气分配区，落入塔底水池，冷却后的水待重新使用。空气从进风口进入塔内，穿过填料下的雨区，与热水成相反方向逆流穿过填料，从而达到将水冷却的目的。珠海终端的循环水补水由消防水罐和生产、生活供水系统提供，其设计的循环水补水量为 15m³/h，设计的生产循环冷却水量为 350m³/h，冷却塔设计进水水温 38℃，设计出水水温 30℃。冷却塔三台动力风机额定电压 380V，额定功率 15kW。

在珠海终端之前的生产操作中，为了保障循环冷却水满足生产工艺换热的要求，三台冷却水塔一直是"两用一备"，并未区分不同工况下的生产工艺对循环冷却水需求量不同的情况。在夏季，环境温度高，冷却水与工艺物流换热负荷大，需要两台冷却水塔投入运行才能够满足需求。在冬季，环境温度相对低，换热负荷减小，两台冷却水塔同时运行可能存在"大马拉小车"的情况。

二、改进措施

为了避免前述不必要的电能浪费，珠海终端经过部门内部讨论，决定对不同的生产工况进行区分，在外界环境温度偏高的情况下，投用两台循环冷却水塔来满足工艺要求；在外界环境温度偏低的情况下，投用一台循环冷却水塔即可满足工艺要求。

具体实施步骤如下：

1. 查阅珠海市最近三年气温分布数据

表 1-1-5　珠海市近三年全年气温分布　　　　　　　　℃

月份 年度	1	2	3	4	5	6	7	8	9	10	11	12
2017	15	17	19	23	26	29	29	31	29	24	21	16
2016	14	15	19	22	26	29	30	30	30	22	21	16
2015	14	16	16	23	25	29	30	31	30	24	22	17

由表 1-1-5 可知，珠海市全年气温偏低的月份集中在每年 11 月至次年的 3 月份，在此期间，由于气温偏低，换热负荷减少，参与工艺换热后温度升高的循环水在循环水管网流动中能够自然冷却散失掉部分热量。

2. 探索低温条件下关闭循环冷却水塔

在 11 月至次年 3 月份这 5 个月内，终端试投用一台循环冷却水塔，经过长时间的运行监测，能够完全满足生产工艺需求。在每年 4 月至 10 月，气温偏高，换热负荷增加，参与工艺换热后循环水温度大幅增加，单靠自然冷却不能够充分散失热量，在这7个月内，继续投用2台循环冷却水塔来满足生产工艺需求。

根据DCS记录，夏季投用两台冷却水塔后，出水温度为23℃，冬季投用一台冷却水塔后，出水温度为22℃。长时间的运行监测后表明，本次循环水冷却塔运行时间调整完全能够满足工艺生产的换热需求，并且整个优化过程未产生任何费用。

三、效果评价

该项目实施前，三台冷却水塔一直处于"两用一备"状态，并未考虑外界环境温度降低可以少投用一台冷却水塔的情况，从而造成电能的白白浪费。项目实施后，划分出低气温时段和高气温时段，全年分时段投用不同数量的冷却水塔，在满足现场工艺生产换热需求的前提下，大大减少了电能的消耗。经测算，年节约电能达54000kW·h，节省费用约4.75万元，节能量为6.6tce。

项目初期，操作人员对何时投用或退出循环水冷却塔没有足够的经验，对低气温时段和高气温时段划分不明确，因此会出现刚停用一台冷却水泵没多久，中控就显示循环水出水温度高，不满足工艺换热需求。通过对珠海市历年气温数据进行采集研究，分时段投用不同数量的冷却水塔，问题得到解决。本项目目前运行良好。

1.2.6 "南海盛开"号优化油轮储油舱运行温度参数

一、背景

"南海盛开"号燃油消耗量较大，燃油消耗需求来自锅炉，油舱是锅炉蒸汽的主要用户，油舱维持温度需要消耗大量的蒸汽，因此合理控制油舱温度从而最大程度减少锅炉蒸汽消耗成为节省燃油的关键。自20世纪90年代服役以来，"南海盛开"号的货油储存温度一直规定为55℃，原油舱温度较环境温度高许多，维持这个温度差导致锅炉的负荷功率较大，消耗原油较多。

二、改进措施

为减少燃油消耗，并在降低能源消费的同时减少排放，"南海盛开"号操作人员做了大量的调研分析，确定了合理控制油舱温度的方案，从而最大程度减少锅炉蒸汽消耗，实现节省燃油的目的。现场逐步降低储油舱温度，并加强储油舱的原油状态监视，2008年度成功地把储油舱温度从55℃降低到50℃。在此基础上，2009年度"南海盛开"号对舱温控制继续进行深度挖掘，在中舱温度控制成功的基础上，对所有边舱的温控进行进一步研究。由于来自海底管线的原油本身温度高于储存温度，输送到边舱后将会自然降温，经过适当调配，实现了在边舱货油温度下降之前转到中舱作为提油储备进行常规保温，减少了大部分时间的重复加温，最大程度上减少了温度流失，减少了加温蒸汽损耗，实现了进一步节省燃油的目的。

通过对陆丰13-1和陆丰13-2原油油品的性质进行认真研究、分析，操作人员对货油舱原油温度进一步降低，2010年逐步把油温降至了43℃。

三、效果评价

2008年度"南海盛开"号对货油舱温实施合理控制后，燃油消耗量下降十分明显；2009年度采取减少重复加温措施后，在2008年油耗大幅降低的基础上继续大幅降低，两个年度燃油消耗数据见图1-1-5。

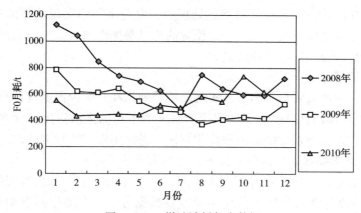

图1-1-5　燃油消耗年度数据

由图1-1-5可知，2008年重油消耗8861t，同比2007年节省燃油2400t，节能量为3428.6tce，节约费用约800万元人民币；2009年重油消耗6289t，同比2008年节省燃油2572t，节能量为3674.4tce，节约费用1000万元人民币。

但油舱温度降至43℃外输后，出现了一个新问题。外输油轮在转运过程中，原油自然重力分离效果不好。2011年开始，多次收到炼化厂投诉产品质量问题。因此，2012年油轮锅炉改造后，油舱温度控制恢复到第一阶段降低的原油舱温度50℃。恢复至50℃后，产品质量得到保证，之后储油舱温度维持在50℃。

1.2.7　西江油田生产工艺参数调整

一、背景

"海洋石油115"FPSO作为西江油田作业区的终端设施，担负着整个油田的原油处理、储存和外输任务。按照"海洋石油115"的设计要求，FPSO热处理器（FPSO-V-2001）操作温度为84℃，电脱水器（FPSO-V-2002）和电脱盐器（FPSO

-V-2003)操作温度为 100℃，货油舱原油操作温度为 60℃。在油田投产初期，为了保证原油生产安全、流程稳定和产品合格，FPSO 操作人员严格按照设计要求参数进行操作，投用了两台热处理器加热器（FPSO-H-2002A/B，总功率 2500kW）和两台电脱预热器（FPSO-E-2003A/B，总功率 3400kW），以此来满足加热效果，因此生产工艺系统需要大量热能，同时，大舱原油加热也需要大量热能。

随着 FPSO 流程逐步稳定和对本油田油品性质的了解和掌握，油田人员不断对操作条件进行研究分析，探索降低油田能耗的可行性。在保证安全生产、满足原油外输条件的前提下，降低原油热处理器、电脱水器和电脱盐器的操作温度，将生产工艺处理系统热负荷降低，优化货油舱日常操作温度，可以大幅降低锅炉燃油的消耗量和温室气体的排放量。

二、改进措施

为了减少生产流程热量消耗，实现降低燃油消耗并减少温室气体排放量的目的，FPSO 生产部门认真分析了油田投产后上游平台的来液温度、含水和乳化液情况的变化，结合前期总结的流程优化方法，进行了以下流程上的改进：

1. 在保证下舱原油品质的前提下，降低生产热负荷

油田人员针对操作条件开展实验，逐步降低 FPSO 生产工艺流程操作温度，并以 5℃ 为阶段性降温周期进行现场观察及数据分析。在操作温度调整的同时，为保证原油下舱品质，确保原油合格下舱，现场增加了原油热处理器进出口、电脱水器和电脱盐器出口油品品质的监测频次。

现场降温过程主要分为两个阶段：

第一阶段停止原油热处理器加热器（FPSO-H-2002A/B）。停止加热器后，热处理器（FPSO-V-2001）的温度由 84℃降至 80℃，电脱水器和电脱盐器的温度由 100℃降至 95℃。化验数据显示，第一阶段降温对原油品质无明显影响。

第二阶段通过调节电脱预热器（FPSO-E-2003A/B）的温控阀，降低电脱水器及电脱盐器的操作温度，并以 5℃ 为阶段性降温周期进行数据分析，直至将电脱预热器温控阀关闭。关闭后下舱原油平均含水从 0.05% 略升至 0.08%，但下舱原油的含盐等其他指标都在要求范围内，原油在货油舱内经过沉降后，完全满足合格货油的品质。

通过此次实验，油田逐步降低原油加热温度，直至停用热处理器加热器和电脱预热器。这样在保证原油生产处理效果较好的前提下，将生产工艺系统 5900kW 的热负荷全部减掉。

"海洋石油 115"生产工艺流程如图 1-1-6 所示。

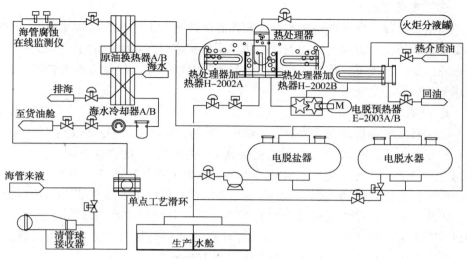

图 1-1-6　"海洋石油 115"生产工艺流程

2. 优化货油舱日常操作温度，降低热量消耗

为了降低 FPSO 货油舱的热能损耗，油田人员对现场实际操作情况进行了研究讨论分析，发现在保证舱内原油沉降效果的前提下，FPSO 货油舱在原油外输后不需保持持续加热的状态，因为在每次原油外输结束后，货油舱会有大量的空舱空间，此时若继续加热，大量的热量会随着货油舱覆盖气扩散到大气中，造成大量的热损失；在原油储存期间原油温度会不断与外界（空气、海水）进行热交换，货油舱原油无须长时间保持高温。原油在货油舱通过静置重力沉降方式进一步脱水，只要保证大舱温度高于原油凝点温度，并保证原油具有一定的流动性即可。

根据以上分析，对 FPSO 大舱加热制定四点日常操作原则：

（1）不加热空舱，根据货油舱舱容情况灵活调整锅炉与循环泵的运行数量；

（2）大舱不保持高温，即在日常操作中大舱温度保持在 50℃ 左右，即高于原油凝点温度 39℃，又使原油具有一定的流动性；

（3）FPSO 的 10 个货油舱进行间歇性分舱加热，并利用调整下舱的高温原油（约 72℃）来进行温度控制；

（4）在外输前三天再将待外输原油货油舱温度进行逐步加热至 60℃，满足外输原油操作温度。

通过以上原则的实施，实现了货油舱加热过程节能降耗的目的，热介质锅炉的燃油消耗也随之降低。

三、效果评价

项目实施前，由于严格按照设计操作温度控制，工艺系统与货油舱原油加热需要大量的热量，也因此消耗大量燃油。项目实施后，在保证油水处理效果与外输原油品质的前提下，优化了操作方式与流程温度，使得热量需求大幅下降，大大降低了燃油的消耗量。

1. 经济效益

以项目实施前后数据作为对比（2009 年前与 2009 年后运行参数）：

实施前每生产一方原油实际消耗燃油 0.00331 m^3，优化改进后，2010 年至 2014 年每生产一方原油需要消耗燃油大约 0.00265 m^3，2015 年至 2018 年每生产一方原油需要消耗燃油大约 0.00183 m^3，2010 年到 2014 年按产量 10599943m^3 计算，以逐年单位产品能耗提升产生的效果计算，节约原油共 7000m^3；2015 年到 2018 年按产量 11626655m^3 计算，以逐年单位产品能耗提升产生的效果计算，节约原油共 17166m^3；2010 年至今共节约原油 24166m^3。

2. 环保效益

项目自 2010 年至今节省燃油 24166m^3×0.878t/m^3＝21218t，按原油的碳含量 85%、1kg 原油产生 CO_2 为 3.1kg 计算，减少 CO_2 排放量为 65775018kg。项目根据西江油田多年来实际工况的变化，已将两台热处理器加热器（FPSO-H-2002A/B，总功率 2500kW）取消并拆除，两台电脱预热器（FPSO-E-2003A/B，总功率 3400kW）根据实际需要进行使用。

此项目自 2010 年实施以后，FPSO 外输货油各项指标都非常好，含水仅为 0.05%，至今外输 397 船，外输原油品质全部合格，未曾收到过投诉。项目在零投入的情况下，具有良好的可持续性节能效果。

1.2.8 西江油田"海洋石油 115"FPSO 电伴热系统按区域分时段送电

一、背景介绍

西江油田"海洋石油 115"FPSO 电伴热系统主要用于维持防冻管线的温度和工艺生产系统的操作温度。同时，"海洋石油 115"FPSO 在南海使用，环境温度年最高 39℃，最低 15℃，西江油田原油的凝点为 35℃，浊点 40℃，需要维持温度 45℃；润滑油需要维持温度 20℃。因此，原油与润滑油温度的维持也需要电伴热系统。

西江油田"海洋石油 115"共有五台电伴热变压器，过去电伴热系统正常情况下全部处于运行状态。经油田人员分析，在多种情况下是不需要伴热的，例如：

（1）南海区域夏季白天温度高，部分管线介质温度能达到工艺要求，不需要电伴热保温；

（2）原油外输和计量管线电伴热外输期间投用即可，平时管线内部没有介质，不需要电伴热保温；

（3）燃油管线由于原油一直在内部流动，管线本身就有保温设计，而且原油本身又有温度，所以在正常运行期间，夏季白天不需要开启电伴热。

泵舱电伴热还会加剧舱内高温问题，影响舱内设备运行。同时，电气组人员发现电伴热系统长期运行存在一些弊端，例如在日常巡检时经常会发现电伴热的变压器发热、高温明显，长期运行可能会使变压器的功效下降、使用寿命缩短，配电间的电气安全也存在隐患。

二、改进措施

针对电伴热系统存在的问题及对维温情况的分析，电气专业人员决定采用不同区域电伴热按季节分时段送电的办法对电伴热系统维温方式进行改进，实现在满足管线伴热需求的同时又能达到节能效果的目的。

电气部门确定了每个电伴热空气开关对应的电伴热设备及所在区域管线，并逐个做好记录。之后与设备和管线所属专业进行沟通，了解设备温度需求，制定分级送电措施、形成管理制度，并在开关柜做好标识，注明每个用户停电级别和停电时间。

电伴热系统按区域分级送电表格如图1-1-7所示。

三、效果评价

西江油田"海洋石油115"电伴热分时送电实施前电伴热系统全部处于运行状态，船体电伴热全年送电时间为8760h，电流为130A，总耗电量 = 1.732×U（电压）×I（电流）×t（时间）= 43.3 万 kW·h。实施后，变为只有外输原油前一天和外输原油当天送电，平均一周外输一次油，全年供电时间变为2520h，总耗电量 = 1.732×U（电压）×I（电流）×t（时间）= 12.5 万 kW·h。全年节电量为 30.8 万 kW·h。

实施前模块电伴热为全年送电，春、夏季电流为250A，秋、冬季电流为350A，同上得出总耗电量 = 116.8 万 kW·h。实施后春、夏季白天部分电伴热不送电，持续时间为半年，送电时间为2129h，耗电量为 20.3 万 kW·h；其余时间为全部送电，时间为6631h，耗电量为 88.4 万 kW·h。实施后模块电伴热总耗电量为 108.7 万 kW·h。全年节电量为 8.1 万 kW·h。

实行电伴热分区域分段供电后，总计节能 38.9 万 kW·h，按照油田每方原油发电量 0.3604 万 kW·h/m³ 计算，年节约原油 108.7 m³，折标煤 145.5tce。

55	EP-55	开排罐去开排泵管线	0.9	0.1982	四级送电
56	EP-56	原油分油机去原油日用柜管线	3.1	0.682	一级送电
57	EP-57	锅炉燃油燃油日用罐不经输送泵去锅炉管线	0.8	0.176	四级送电
58	EP-58	电脱水加热器去电脱水罐	8.8	1.936	一级送电
59	EP-59	原油计量撬去穿梭油轮管线	5.4	1.188	一级送电
60	EP-60	货油泵去原油计量撬	7.1	1.562	一级送电
61	EP-61	FPSO-X-2102C 校准装置去货油舱	4.1	0.902	一级送电
62	EP-62	计量撬测量管线	2.4	0.528	一级送电
63	EP-63	电脱A泵管线\热处理器所有电伴热	11.3	2.486	一级送电
64	EP-64	电脱B泵管线	4.5	0.99	二级送电
65	EP-65	电脱C泵管线	5.2	1.144	二级送电
66	EP-66	电伴热已经拆除(火炬分液泵管线)	0	0	不用送电
67	EP-67	电脱A泵管线	3.7	0.814	二级送电
68	EP-68	电脱B泵管线	2.1	0.462	二级送电
69	EP-69	电脱C泵管线	3.9	0.858	二级送电
70	EP-70	火炬分液泵管线	7.3	1.606	一级送电
71	EP-71		6.5	1.43	
72	EP-72	锅炉燃油输送泵管线	1.7	0.374	一级送电

（1）一级送电：需要常送电；
（2）二级送电：设备运转时不需要送电；
（3）三级送电：夏天7:00~18:00不送,其余时间都送；
（4）四级送电：除停产大修或断电等紧急情况外都不送。

图 1-1-7　分级送电管理表格

电伴热系统按区域分时段送电管理措施从 2016 年 7 月开始实施，目前各伴热管线没有出现异常情况，各系统运行正常。该措施在不需要任何资金的投入，就取得良好的节能效果和经济效益，因此该管理措施在南海地区海上设施具有一定的推广价值。

1.2.9　西江油田作业区主发电机单机供电

一、背景

西江油田作业区惠州 25-8 平台总共有 4 台主发电机组（主机），主要负责为惠州 25-8 平台和西江 24-3B 平台电力系统供应电能。发电机由 MAK 生产的 16VM32C 型柴油机驱动，最大发电量 7680kW，配有电力管理系统（PMS），当发电机负载超过 85% 时报警，当负荷超过 90% 时按照优先级顺序脱扣部分生产用电设备，以确保所有关键设备的供电。

在两个平台都没有钻井作业的情况下，日常用电峰值为 6728kW，达到了单台主机负载的 87.6%，非常贴近优先脱扣的执行点（90%），如果是单台主机供电会有优先脱扣的风险。为了保证惠州 25-8 平台和西江 24-3B 平台电力系统的稳定，日常运行 2 台主机供电。

该运行方式下每台主机的负载只有 3364kW（44%），出现了"大马拉小车"的状况。该运行方式存在两方面的弊端：一是节能环保方面，主机负载低于 80%，达不到运行的最佳效果，热能与电能的转化率低，而且多运行了一台主机，浪费能源的同时也增加了主机尾气的排放；二是维保方面，主机的维保周期是基于运行时间的（比如：每 150h 维保、每 750h 维保等），多运行一台主机意味着维保人工时和维保费用都要翻倍。

二、改进措施

针对主发电机负载率低的情况，平台对操作流程进行优化，通过降低电网负载，实现单台主机供电。优化措施主要包括两方面：一是减少非必要用电设备的运行，降低电网负载；二是错开用电高峰，使日常用电峰值保持在 6680kW（单机 85%）以下。项目于 2018 年 12 月完成，具体实施步骤为：

（1）分析惠州 25-8 平台及西江 24-3B 平台用电设备功率情况，包括额定功率、实际使用功率及定期和不定期启用的设备统计，调整设备运行，降低电网负载。

从统计的数据中发现，平台的海水系统有优化的空间。平台共有 4 台海水提升泵，功率分别是：A/B 泵 320kW、C/D 泵 160kW。在没有钻井作业的情况下海水的主要用户是主机冷却系统和空调系统，用量约为 1260m³/h，因此需要启动 2 台大的海水（A/B 泵），用电量为 640kW。如果能优化海水管路的流程提高海水利用率，降低海水用量，把其中的一台大泵停掉，就能降低 320kW 的用电量，平台用电峰值就能从 6728kW 下降到 6408kW，下降后用电峰值占主机单机负荷约 83.4%，可以实现单机供电。平台对海水系统进行了以下 2 点优化：

①对 6 台空调用海水进行了优化。优化前每台空调用水 50m³/h，每小时用海水 300m³；由于空调系统 2 用 4 备，因此对 4 台备用空调的海水阀进行关闭，优化后减少了 200m³/h 的海水用量。

②对 4 台主机冷却海水进行了优化。优化前每台用水 320m³/h，每小时用海水 960m³；由于主机系统 2 用 2 备，因此对 2 台备用主机的海水阀进行关闭，优化后减少了 640m³/h 的海水用量。

优化前后海水冷却系统流程见图 1-1-8 和图 1-1-9。

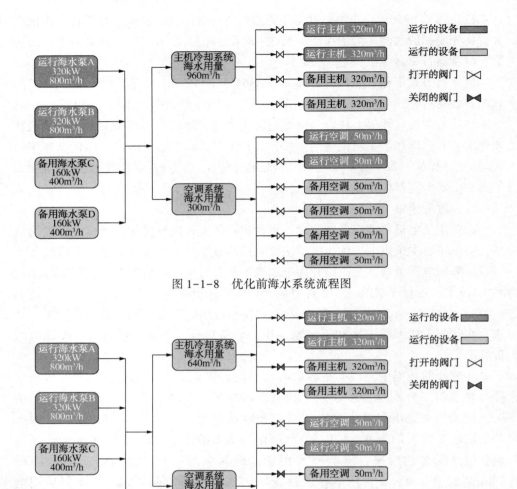

图 1-1-8 优化前海水系统流程图

图 1-1-9 优化后海水系统流程图

海水系统流程优化后关停了一台大泵，主机负载有了明显下降，两台主机供电的情况下每台机负载峰值为3187kW。优化后主机负载截图见图1-1-10。

（2）强化用电管理，减少负载波动。

设备的日常启停会对电网造成一定的冲击，这部分冲击直接体现在主机负载的波动。如果负载波动超过10%，会对主机造成损伤。从图1-1-10可以看出，主机最高负载波动的区间为3187kW-2763kW＝424kW，占主机负载约5.5%，如

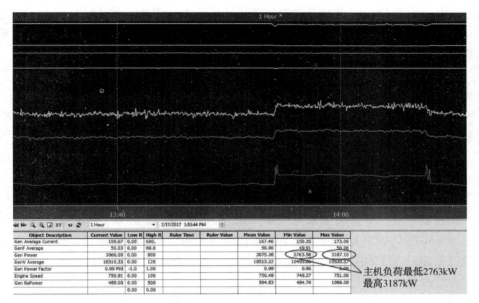

主机负荷最低2763kW
最高3187kW

图 1-1-10 优化后主机负载截图

果是单机供电，那么负载的波动就是 424kW×2＝848kW，占主机负载约 11%。

为解决负载波动，惠州 25-8 平台与西江 24-3B 平台共同制定了《惠州 25-8 平台主电网用电规程》主要内容如下：

① 西江 24-3B 平台生产部门需大功率（超过 200kW）用电时，需提前通知惠州 25-8 平台动力值班人员或者平台中控。

② 西江 24-3B 平台钻井部门需大功率（超过 200kW）用电时，需提前先通知西江 24-3B 平台的生产方（电气主操或平台中控），再由西江 24-3B 平台生产方通知惠州 25-8 平台动力值班人员或者平台中控，以邮件和电话方式告知。紧急情况下，西江 24-3B 平台钻井部门可直接电话通知惠州 25-8 平台动力值班人员。

③ 惠州 25-8 平台生产部门需大功率（超过 200kW）用电时，需提前通知惠州 25-8 平台动力值班人员。

④ 惠州 25-8 平台钻井部门用电时，需提前通知惠州 25-8 平台动力值班人员或者平台中控。

⑤ 所有用电部门在使用大功率负载时，需提前 2h 进行通知。

⑥ 通知内容包括：计划用电负荷及用电时间，使用过程中是否有负荷波动要求。

⑦ 惠州 25-8 平台动力人员接到用电通知时，需确认主机负载余量是否满足

需求，判断设备启动时主机负载波动区间是否在 10% 以内。如果负载余量不满足或负载波动区间超出范围，需要启动备用主机，则等待电网平稳后再通知用电部门启动设备。

⑧ 所有用电部门在大功率用电时，应尽量平稳缓慢地进行加载，负载波动过大（超过额定功率 10%）会对主机造成损伤，严重时将会造成主机的关停。

⑨ 当主电网出现故障、造成各用电部门失电时，应在接到动力值班人员的通知之后再重新开启各用电设备。

《惠州 25-8 平台主电网用电规程》实施后，主机电网有了明显的改善，负载波动控制在 8% 左右，顺利地实行了单机供电。

三、效果评价

项目实施前，平台用电负荷处于 PMS 优先脱扣的临界点，而且主机负载波动超过了单机负载的 10%，实现不了单机供电，因此需要 2 台主机供电，而每台主机的负载只有 3364kW（44%），负载利用率低，热能与电能的转化率低，造成了能源的浪费。

项目实施后，停了一台海水提升泵，降低了电网总负荷，而且与西江 24-3B 共同实行了科学合理的电网用电规则，减少了主机负荷的波动，顺利地实行了单机供电，节省了原油的消耗，降低了主机的维保费用，也减少了主机尾气的排放。该项目只是优化了操作流程，没有投入任何经费就达到了预期的效果。项目具体效益如下：

（1）降低原油消耗

经过测算，项目实施前年发电耗油率为 257mL/kW·h，项目实施后年发电耗油率为 249.29mL/kW·h，在年发电总量为 51253932kW 的情况下年节约原油 395.17t，节能量为 564.5tce。

（2）减少润滑油消耗

主机润滑油消耗 120L/d，单机运行全年可减少润滑油消耗 43800L，可降低润滑油费用 43800×17 = 744600 元。

（3）降低主机维保费用

主机中修、大修时间延长一倍，年节约费用 100 余万元。

由此可见，项目实施后的经济效益好，社会效益、环境效益显著，是非常可行的。

1.2.10　番禺 5-1A 平台中央空调系统优化

一、背景

番禺 5-1A 平台的两套中央空调机组是平台上的关键设备，为平台上的生活区提供恒定的温度，同时为生产区的所有开关间提供持续的冷风，以保障人员的舒适度和开关间电气设备的正常运行。

平台主空调系统存在着以下不足之处：

（1）平台主空调系统的 AHU 温度传感器采样位置不合适，采集的温度为送风温度，并不是室内温度，故当室内温度不稳定时，会影响室内环境。通常来说，空调温度传感器应安装在回风管道上，才能控制室内温度。

（2）冷凝器的安装方式和管线的连接存在不足之处，影响空调的整体制冷效果，压缩机效率大大降低，并且浪费了大量的电能。管线连接见图 1-1-11。

图 1-1-11　管线连接图

（3）冷冻水处理系统存在着不足之处，导致整个系统的制冷效果低下，而且水的冰点为 0℃，如果中央空调出现故障会导致蒸发器内部的管线因结冰而涨破，不仅影响中央空调的正常使用，而且还增加了蒸发器的维修费用。主空调系统示意图见图 1-1-12。

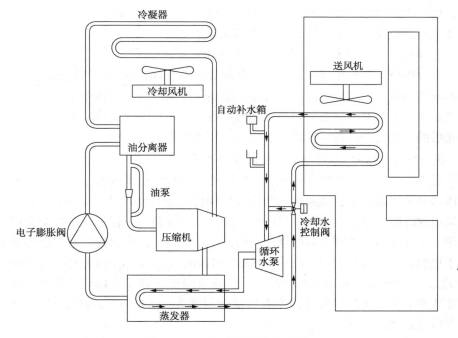

图 1-1-12　主空调系统示意图

二、改进措施

1. 对 AHU 生活区的温度传感器位置进行重新安装，调整设定点温度

对 AHU 生活区的温度传感器位置进行重新安装。将原系统安装在供风管道上的温度探头与设置在回风管道上的湿度传感器的位置对调，对应的接线端子对调。生活区回风温度设定范围为 20～30℃ 之间，流量阀的开度将在 0%～100%。根据回风温度设定范围变化来自动调节供水量的大小，以实现热交换的平衡，保持室温的恒定。同时，起到了节能降耗的作用。

具体调整方案如下：

（1）FCV-001 是对生活区温度进行控制的冷却水量旁通回流调节阀，原控制原理是根据空调 AHU-6601 的送风温度进行调节（设定温度为 15℃），现将空调的送风温度传感器放置到回风处（设定温度为 25℃），在回风处有个湿度传感器，此传感器没有参与逻辑，故只需调整两个探头位置，在 PLC 柜内调换两个端子的接线，这样做就不用修改程序。

（2）FCV-001 控制程序说明（不需要修改程序，只需修改相关数据说明）

空调 AHU-6601 送风温度（改造后为回风温度）整定在 0～50℃ 之间，设定点原设定为 15℃，现已设定为 25℃；传感器的温度与设定温度 15℃（现 25℃）比较，如果大于这个温度，且保持 10s（现修改 1s）后，将阀的开度减少 1%，这样冷却水量回流减少，去主流管线的冷却水量就变大。

2. 对平台中央空调机组的冷凝器进行优化改造

平台中央空调机组迎风面的冷凝器原安装不合理，造成制冷机组冷凝温度上升影响制冷效率，过冷度减小系统压力增高，使得机组的制冷量下降，没有达到最佳效果。平台对冷凝器的进出口管线进行重新连接，优化冷凝器的结构，改造优化后的冷凝器，冷却效果改善了很多，制冷效果大大提高。

3. 对封闭冷却水加药净化，提高冷却效果

番禺 5-1A 平台的冷冻循环水一直是使用经平台造水机处理后的水，导致管线内部容易出现锈蚀，蒸发器的使用寿命降低，而且水的冰点为 0℃，如果中央空调出现故障会导致蒸发器内部的管线因结冰而涨破，不仅影响中央空调的正常使用，而且还增加了蒸发器的维修费用。鉴于此情况，平台先后对空调冷冻水进行了更换，并且增加了防冻除垢剂 NALCO2000，加入后 pH 值为 10，冷冻点小于 -10℃，大大降低了水冻结的情况发生，有效降低了蒸发器爆管的概率，提高了可靠性和效率。经试验验证，用取样的冷媒水在 -14℃ 的盐水中浸泡半小时后，没有出现结冰的情况。

三、效果评价

空调系统优化实施前，室内温度比较低，仅为 18℃，室内比较冷，既不节

省电能又影响人的健康。优化实施后，室内温度在 24℃ 左右，中控温度在 23℃ 左右，电报设备房温度在 26℃ 左右，环境比较舒适，室内外温差比较小。实施前生活区总电流 530A 左右；空调参数修改后生活区总电流约 470A 左右，空调总负荷下降了 15% 左右。生活区电加热系统无须启用，节省了电力消耗。

优化后的的冷凝器冷却效果增强，制冷效果大大提高。按每月运行 360h、发电成本 0.7 元/kW·h（根据平台统计数据发电机发 1kW·h 电消耗原油 228.9g，按照 1t 原油等于 7.0 桶、1 桶原油 65 美元计算，发电成本为 0.7 元/kW·h）计算，每月可节省 1.7 万元。且优化前许多冷凝器的支撑底座腐蚀比较严重，维修时重新涂上抗锈层，避免了冷凝器腐蚀的风险。

冷冻水优化后，大大减少了冷冻水结冰的现象出现，降低了蒸发器爆管的故障概率，提高了机组运行的可靠性，并且一定程度上改善了空调的制冷效果。

经过以上三项措施对中央空调机组的优化改造，不仅增加了机组的运行可靠度，并且在很大程度上节省了电能，根据减少的用电功率和使用时间测算，优化后每年可以成功节省电能 210.24MW，节能量为 25.8tce，为公司大力提倡的节能减排工作作出了贡献。

1.2.11　恩平 18-1 平台生产加热器降低负荷运行

一、背景

恩平 18-1 油田原油为高密度、高黏度和低含硫重质稠油，原油流动性差。平台设有生产加热器对原油加热，以降低原油黏度，提高原油流动性，保障原油外输泵正常运行。设计上恩平 18-1 平台外输原油保持在 70℃，生产加热器功率经常在 60% 以上，功率负荷大，加热器多次出现跳停故障，加热盘管高负荷下结焦的可能性也较大。为了降低生产原油加热器风险，确保安全生产减少加热器能耗，恩平 18-1 生产人员考虑通过降低加热器负荷来优化工况。

二、改进措施

经过分析与试验，油田确定了降低生产加热器负荷并适当降低外输原油温度的方案，通过方案的实施可以在保障生产平稳的同时产生节能效益。

平台投产后，设计要求原油外输温度 70℃，经过讨论分析，决定采用对原油外输进行逐步降温、减少生产加热器负荷的方法来进行初步试验。原油的外输温度 2018 年 2 月底以前基本控制在 69~70℃ 外输，从 2018 年 3 月份开始，逐步对外输温度进行降温至 64℃，见图 1-1-13、图 1-1-14。

原油外输温度降低后，生产加热器功率同时降低。2018 年 2 月份以前的生产加热器输出功率占额定功率 60% 以上，采取降温节能外输后，生产加热器功率由 700kW 下降到 570kW。生产加热器功率降低后，"海洋石油 118"FPSO 上主机负荷明显减小，见图 1-1-15、图 1-1-16。

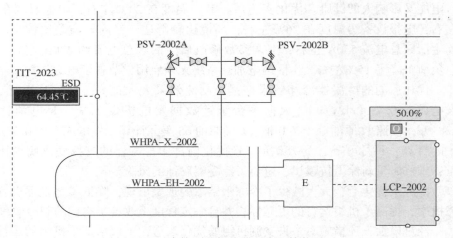

图 1-1-13　中控原油加热器温度监控状况

生产加热器出口温度记录	
日期	温度/℃
2018/1/3	69.1
2018/1/20	68.8
2018/2/5	68.5
2018/2/20	68.3
2018/3/5	66.6
2018/3/20	66.1
2018/4/5	64.7
2018/4/20	64.1
2018/5/5	64.9
2018/6/20	64.6
2018/7/21	64.6
2018/8/20	64.5
2018/9/20	64.5
2018/10/18	64.8

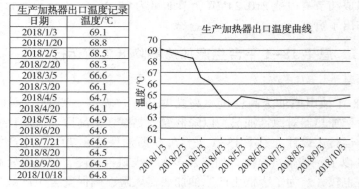

图 1-1-14　生产加热器出口温度即原油外输温度记录及变化曲线

图 1-1-15　生产加热器现场设备和控制盘图

恩平油田发电总量及各设施耗电量统计/kW/h							发电油耗	
日期	总发电量	HYSY118耗电量	EP24-2DPP耗电量	EP23-1DPP耗电量	EP18-1DPP耗电量	备注	HYSY118发电油耗	EP18-1用电油耗/t
2018.01	7311000	1946800	1374500	2051700	1938000	除23-1平台这个月较上个月用电量上升57%,导致总发电量上升10%,其他三个设施较上个月基本持平。	420.77	418.87
2018.02	6350900	1767800	1351800	1155100	2076200	2月份仅28天,EP18-1平台因钻井作业上升了7.1%,总发电量较上月降低了13.13%。	369.55	434.02
2018.03	6643200	1931600	1617000	1270800	1823800	3月电量EP24-2因油井自喷转电泵及提频电里上升15%,其余变化不大。	410.71	387.79
2018.04	65…						407.16	366.86
2018.05							423.35	392.80
2018.06						6月底大修停产,各设施耗电量降低。	355.48	285.61
2018.07	68…					HYSY118的用电量较往月上升5.8%,23-1和18-1略有下降,总发电里变化不大。118海水泵因管线腐蚀不耐压在今年都是用一台,6月底大修恢复管线后启用两台海	445.58	378.40
2018.08	70…					本月海洋石油118耗电量较上月基本持平。	454.97	353.42
2018.09	4931415	1497379	1130520	938876	1364640	本月11日至18日避台,各设施耗电里较上月降低。	320.54	292.13

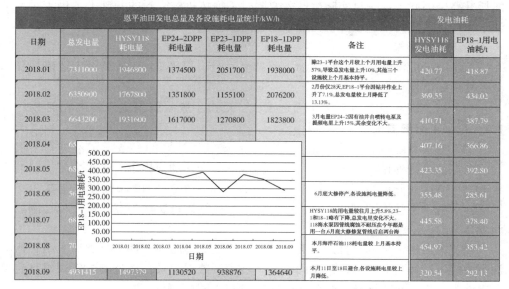

图1-1-16　"海洋石油118"FPSO发电总量和发电油耗分配变化

三、效果评价

恩平18-1平台生产加热器降温项目实施后,经过一段时间的运行、观察,效果显著。在确保外输安全、平稳的前提下,有效减少了油轮主机原油消耗,降低了设备故障率,取得了良好的效益。加热器额定功率为1150kW,加热器功率由日常的60%降低至目前的50%后,按照每年生产330天计算,每年减少消耗的电量为910800kW·h,按照油轮发电量消耗原油量155g/kW·h计算,每年节约原油消耗144t,折合标煤201tce。

1.2.12　恩平24-2平台污油泵改变运转方式

一、背景

恩平24-2平台污油泵用来转运污油,起初以间歇性启动方式运转,但是由于污油泵输送的介质温度高,导致进、出口端机械密封升温过快,而污油泵自带的闭式循环冷却系统又不能满足换热需求,导致机械密封的使用寿命缩短,经常出现出水端机械密封和驱动端机械密封渗漏故障,在更换新的备件后,经常使用不到24h,又出现非正常损坏,引起污油渗漏。恩平24-2生产人员针对这一情况,考虑到频繁启泵对流程的波动影响和机械密封的损害,将污油泵起初的间歇性运转改为连续运转,把闭式循环冷却系统改成增压式循环冷却开放式系统,从提高机械密封的换热效率,解决了机械密封由于高温而导致的故障。

但是单台污油泵的功率为110kW,连续运转导致每日耗电量为2640kW·h,

能耗升高。因此，在满足实际生产需要同时不损坏机械密封的基础上，仍需对污油泵运转方式进行改进以降低污油泵能耗。

二、改进措施

为了降低能源消耗，实现污油泵间歇性运行，恩平 24-2 人员对工艺流程和设备做出如下优化和整改：

（1）结合破乳剂的药剂优化筛选试验，更换了脱水效果更好的破乳剂 BH-121，增强了分离器油水分离效果。

（2）对水系统设备如水力旋流器、紧凑式气浮选罐的参数设定值进行了优化，在保证月度外排生产水 OIW 平均值 20mg/L 合格的前提下，将水力旋流器油相 PDV-3001 阀开度控制在 15% 以下，气浮选油相 LV-3012 阀开度控制在 35% 以下，以减少去往污油罐的水量，让污油泵从连续运行切换为高、低液位控制的间歇运行。

（3）开展污油泵间歇性运转测试试验，经过 2 周的间歇性运行测试，结合污油泵中控电脑运行曲线和污油泵间歇性运转测试数据记录，经过测试发现每日启泵次数为 9 次，每次运转时长为 40min，具备间歇性运转条件。

污油泵运行曲线如图 1-1-17 所示。

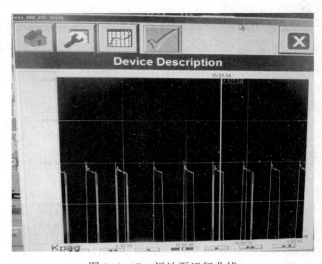

图 1-1-17　污油泵运行曲线

（4）邀请专业公司开展污油泵冷却系统改造的专项调研。调研工程师提出了彻底解决污油泵的机械密封冷却问题的方案，评估确认污油泵具备间歇性运转的条件。改造项目完成后，污油泵实现了间歇性运转。

三、效果评价

单台污油泵的功率为 110kW，在不间断运行工况下，每日耗电量为 2460kW

·h，调整为间歇性运转后，每日启泵次数为 9 次，每次运转时长为 40min，每日运转时长为 360min，每日耗电量为 660kW·h。调整前与调整后相比每天节约电量为 1980kW·h，2017 年全年项目节省电量 627660kW·h，折合成标煤 77.1tce。

该项目自 2017 年 1 月起实行以来应用效果良好，目前仍然采用污油泵间歇运转方式。

1.2.13　"海洋石油 118"优化氮气空压机运行节能

一、背景

恩平油田由三座钻采生产平台（恩平 24-2、恩平 23-1 和恩平 18-1）和一艘浮式生产储油装置（"海洋石油 118"FPSO）组成，平台与 FPSO 之间通过海底混输管道和海底复合电缆连接。来自平台的含水原油和天然气在 FPSO 上进行进一步处理，处理合格的原油进入油舱储存和外输。在"海洋石油 118"FPSO 上部模块设有一套氮气系统，由氮气空压机、空气储存罐、膜制氮装置、氮气增压机和高低压氮气罐等组成，制备的氮气分配至上模、船体和单点各用户。氮气系统工艺流程见图 1-1-18。

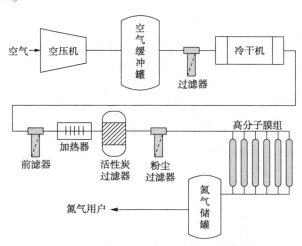

图 1-1-18　膜法制氮工艺流程简图

其中制氮高分子膜组是整个系统的核心部件，"海洋石油 118"FPSO 采用的高分子膜组是半透性中空纤维膜，纤维膜利用气体渗透速率不同的物理法排出富氧空气，留下高纯度氮气。目前空压机设置为 0.85MPa 加载，1.05MPa 卸载，空气储罐的压力在 0.85~1.05MPa 之间周期波动。当压力上升时，空气储罐与氮气储罐之间的压差增大，致膜组进出口之间的压差增大，通过膜组气体流量增加并达到峰值约 260 m³/h，此时氮气氧含量随之升高，需要投用全部膜组（16 组）

来保证氮气品质合格（即含氧<3.5%）。膜组该工况原理示意简图如图 1-1-19 所示。

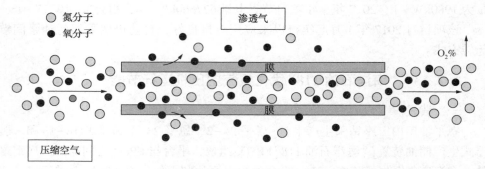

图 1-1-19　模组全部投用时工况原理图

随着空气储罐压力降低，和氮气储罐之间压差减小，膜组进出口压差减小甚至没有压差，那么通过膜组气体流量降低甚至为零，此时没有氮气进入氮气储罐，但是压缩气体仍然能通过高分子膜向放空侧扩散，造成压缩空气的大量浪费。膜组该工况原理示意简图如图 1-1-20 所示。

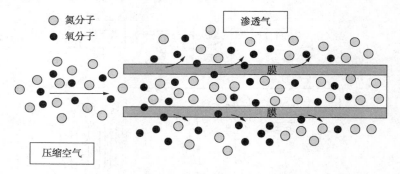

图 1-1-20　气体流量低时模组工况原理图

二、改进措施

为了降低氮气空压机能耗，尽可能避免压缩空气的浪费，减少设备的磨损，现场操作人员结合现场实际，对氮气系统进行了详细分析，得出以下结论：

（1）膜组只能在空压机高压段（高压氮气储罐背压）的时候才能形成有效的压差生产氮气，低压段压差很小甚至负压只能放空；

（2）无论是否在造氮气，膜组的跑气量基本是一样的。

该工况下氮气峰值的出现是由于空压机在加载时和氮气储罐形成了一个较大压差，为了消除该压差，现场决定在膜组进口增加一个稳压阀，以消除空压机加卸载时膜组进口压力波动的影响，使膜组进出口之间的压差恒定。压差稳定后能保持一个较为恒定的氮气流量(满足正常使用 120 m³/h 即可),该状况下只需投用一半甚至更少的膜组数量,就能满足氮气的产量和品质要求。改造后流程如图 1-1-21 所示。

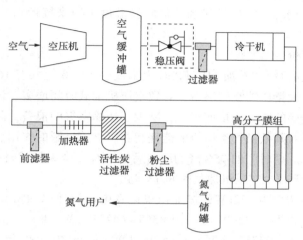

图 1-1-21　膜法制氮工艺改造后流程简图

生产人员通过现场实地调研,进行风险评估分析和预先风险分析,提请 MOC,并通过变更审批程序后,自己设计、施工,严把施工安全和质量关,在膜制氮撬块进口的压缩空气管线上增加一个自立式压力调节阀,从而实现膜组进口压力的恒压稳定。在设施及陆地维修仪表部门的支持下,选型订购了所需的稳压阀,并对现场现有的管线进行了改造,现场改造图见图 1-1-22。

图 1-1-22　现场改造图

改造后氮气系统的压力波动明显变小,膜组进口压力波动幅度由 180kPa 缩减到 10kPa,基本实现了膜组进口压力在 820kPa 的恒定压力。同时,膜组氮气流量也基本维持恒定,日常使用情况下,流量一直维持在 120 m³/h 左右,现场只投用一半膜组(8组)的情况下满足了生产需要。

由于压力及流量的恒定,空压机的加载时间也有了大幅的缩短。在改造前一个加卸载周期内加载时间占整个周期约75%;在改造后一个周期内加载时间占整个周期约19%。同时,空压机接插件的实测温度由原来接近60℃降至改造后的38℃左右。

三、效果评价

该项目实施前"海洋石油118"FPSO上部模块氮气系统共有16组高分子膜组全部投入使用,大量压缩空气浪费,导致空压机加载时间增多。该项目的实施在保证日常生产需要的氮气用量前提下,减少了压缩空气的浪费,降低了氮气空压机的加载频率,对降低氮气空压机的能耗起到了立竿见影的作用。空压机加载时间由约占加卸载周期时间的75%降为改造后的19%,全天加载时间由原来的18h降为4.56h,每天减少空压机加载时间13.44h。

空压机额定功率为132kW,按油田单位发电量消耗原油量0.2kg/(kW·h)计算,年节约电力为:132kW×13.44h×365＝647539 kW·h

年节约原油为:647539 kW·h×0.2kg/kW·h＝130t,折合标煤186tce。按原油56美金一桶计算,全年可节省成本约37万元。

同时项目的实施延长了整套膜组的更换周期,膜组正常使用寿命按4年计算,每个膜组采购价格按4.5万元计算,原4年时间需要更换16组膜组降为仅更换8组膜组,节约生产成本约36万,折至每年为9万元。空压机运行时间的减少同时减少了空压机维保费用,每年可节约10万元。且由于加载时间的缩短,主开关间空压机接插件的温度大幅降低,消除了安全隐患,避免了周期性的高压冲击造成的设备损坏和爆裂伤人的风险(膜制氮气内滤器,冷干机等设备工作压力减少了3kg,整个空压机及膜制氮系统比原来更加安全)。

该项目的完成,为以后设计人员设计类似装置或现场人员改造类似问题装置提供了十分有益的参考,具有很强的推广意义。

1.2.14 陆丰13-1平台减少透平发电机运行时间

一、背景

陆丰13-1平台共有4台6DK-28型柴油发电机,2台501-KB5透平发电机。正常生产期间,启动3台柴油机运行,1台备用;钻井期间,启动3台柴油机、1台透平发电机运行。每台柴油发电机平均日耗原油8kL,每台透平发电机平均日耗柴油18kL。平台正常生产期间,总负载约为4000kW,钻井期间钻井负载约为1000~2500kW,并逐步增加。在以往的作业中,正常钻进时,需立即启动透平发电机并网供电,由于前期钻井负载较小,导致透平发电机处于较低负荷运行。发电机运行控制界面如图 1-1-23 所示。

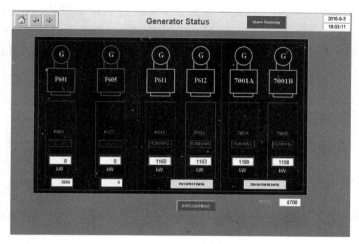

图 1-1-23　发电机运行控制界面

二、改进措施

为了降低发电机油耗，实现发电机更经济的运行，2016 年钻井作业期间，平台方与钻井部门进行密切沟通、配合，确定了在正常钻井前期，根据负载量延缓透平发电机开机时间的方案。在前期负载较小时，启动 4 台柴油发电机供电，当负载达到 4 台柴油机运行极限时，再启动透平发电机供电，即钻井作业前期 4 台柴油机并网，钻井作业负载较大时 3 台柴油机加 1 台透平机并网供电。在该次钻井作业期间，延时启动透平 5.5 天（2016 年 5 月 25 日正常钻进，5 月 30 日由于负载达到柴油机极限，启动透平机）。

三、效果评价

在钻井前期 4 台柴油机供电，实现了总功率由 4000kW 逐渐增加至 5600kW，减少了电网冲击，且满足现场电力供应要求。

本次发电机运行时间调整共节约透平发电机柴油消耗 = $18 \times 0.854 \times 5.5 \times 1.4571 = 123.19$tce，增加柴油发电机原油消耗 = $8 \times 0.867 \times 5.5 \times 1.4286 = 54.5$tce，节能量为 68.7tce。

该调整方案操作简单，风险低，具有很好的推广价值。

1.2.15　番禺 4-2A 老造氮空压机运行优化

一、背景

番禺 4-2A 平台原有 6 台空压机，分别是 2 台 75kW 造氮空压机、2 台 110kW 的钻井空压机及 2 台 37kW 的生产空压机。自 2012 年 10 月份 CFU 水处理系统上线运行以来，为了满足平台氮气的需求量，番禺 4-2A 平台又新增了两台 132kW 一用一备的空压机，从此平台上有了 4 组共 8 台空气压缩机（包括老造氮空压机、生产空压机、钻井空压机和 CFU 空压机）。老造氮空压机、CFU 空压机和钻井空压机流程能实现互为连通，钻井空压机能单向给生产空压机供气。在满足生产需要的同时，也产生了大量的富余压缩气，造成了资源和能耗的极大浪费。原平台供气系统流程如图 1-1-24 所示。

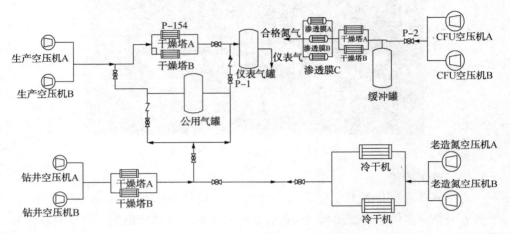

图 1-1-24　空压机运行控制界面

空压机 2015 年 9 月至 2016 年 3 月使用情况见表 1-1-6。

表 1-1-6　空压机使用情况

时间（月份）	2015.09	2015.10	2015.11	2015.12	2016.01	2016.02	2016.03
生产空压机运行/h	700	744	720	710	744	696	700
生产空压机能耗/(kW·h)	25900	27528	26640	26270	27528	25752	25900
生产空压机维修/万元	0.5	0	0	1	0	0	1.5
钻井空压机运行/h	372	340	360	372	350	348	372
钻井空压机能耗/(kW·h)	40920	37400	39600	40920	38500	38280	40920
钻井空压机维修/万元	0	0.8	0	2.5	0	0	0
CFU 空压机运行/h	720	744	720	744	730	696	744
CFU 空压机能耗/(kW·h)	95040	98208	95040	98208	96360	91872	98208
CFU 空压机维修/万元	2.5	0	0	0.5	0	0	0
氮气空压机运行/h	720	744	480	744	744	696	744
氮气空压机能耗/(kW·h)	54000	55800	36000	55800	55800	52200	55800
氮气空压机维修/万元	0	0	3	0	0	0.6	0

平台对用气量进行了梳理，用气量如表 1-1-7 所示。

表 1-1-7 平台用气量统计

仪表气系统	92 m³/h	氮气系统	792 m³/h
公用气系统	33 m³/h		

由表 1-1-7 可知，每个时间点每组空压机都有一台在线，整体投入运行时间为 100%；而平台日常所需仪表气量为 92 m³/h，公用气量为 33 m³/h，氮气用量为 792 m³/h，但仪表气，公用气系统以及氮气系统同时运行造气量为 3090m³/h，其使用效率仅为：（92+33+792）÷3090＝29.6%。

维持空压机运转投入了 100% 的电量，却仅获得了不到 30% 的系统效率，其中存在能源的巨大浪费。并且，由于空压机运转时间长，维护及耗材费用都较高。因此，如果提高平台供气系统效率，则会有降低能耗、维修工作量及费用等多种好处。

二、改进措施

平台对系统进行了改造，改造前生产空压机的气经过前过滤器分两路进入公用气罐和干燥塔，从干燥塔出来后进入仪表气罐，改造后增加从 CFU 空压机出口缓冲罐到公用气罐的管线和公用气罐到生产空压机出口的管线，也就是说，从 CFU 空压机过来的空气先经过公用气罐，再经过干燥塔到达仪表气罐，等于把公用气罐和仪表气罐串联起来，这样一来大大保证了仪表气的平稳，也可延长设备在故障情况下的维修时间，避免因设备故障引起不必要的停产。并且在管线上加装前自力式调节阀，优先保证氮气的压力，自力式调节阀设定为 800kPa，只有压力大于 800kPa 时，CFU 空压机产生的空气才去供公用气和仪表气使用，同时为了优先保证仪表气，在公用气罐到生产空压机出口的管线上安装单向阀。

为了在任何情况下不影响仪表气，平台把原来的 2 台 75kW 造氮空压机、2 台 110kW 的钻井空压机及 2 台 37kW 的生产空压机全部停掉，在控制面板上设定两台空压机都为 AUTO-RESTART LAG 状态，其中一台设定为 800kPa，另外一台设定为 750kPa，这样在 CFU 空压机出现故障时，只要仪表气压力低于 800kPa，生产空压机就会自动启动，以确保仪表气不受影响。

CFU 空压机管线现场改造图片如图 1-1-25 所示。

三、效果评价

项目实施后，对平台空压机供气管网改造前后对比发现，由 CFU 空压机单独运行完全可以满足平台所有用气系统的用气要求，空压机运行效率为：（92+33+792）/1110＝82.6%。

原其他三台空压机功率之和为 222kW，按照设备 70% 负载计，原其他三台空

CFU空压机连接公用气罐管线连接处

生产空压机和公用气罐连接处

图 1-1-25　现场改造图片

压机日电力消耗量为 3667 kW·h，则统计期 2017 年前 4 个月节约的电能为 447552 kW·h，折标煤 55.0tce。

1.2.16 "南海挑战"平台主海水系统在线运行水泵数量优化

一、背景

"南海挑战"平台海水冷却系统共有 6 台海水泵，其中 3 台大泵额定功率 152kW，3 台小泵额定功率为 86kW；海水系统压力需要控制在 45~55psi 范围内，才能满足平台用水设备的需求；实施前平台运行 3 台海水泵（一大两小），来保证海水系统压力在 45~55psi 之间。

海水泵在运行中存在以下弊端：三台海水泵同时在线运行时，海水系统压力可以达到 58psi 以上，导致过量的海水流过冷却器而被浪费掉。同时，三台泵的同时运行增加了平台的电网负荷，也使得海水泵轴承等部件更容易出现故障，缩短泵的使用寿命，增加泵的维修成本。

二、改进措施

为解决海水泵运行中存在的上述问题，平台计划将原来一大两小海水泵运行状态优化至一大一小海水泵运行，即减少一台海水泵的运行，并成功进行了实施。具体改进内容如下：

（1）通过重新评估平台用水设备（主机冷却、空调等）对海水系统压力的要求，重新设定系统海水背压阀压力控制设定点，设定点优化到较低合理可行的范围内。经动力主操和维修监督确定主机冷却用水设备对海水系统压力最低要求为45psi，经电气主操和维修监督确定空调运行用水压力需达到48psi。因此，将海水背压阀压力控制原设定点58psi降低至52psi，即可满足海水系统用户需求，见图1-1-26。

图1-1-26 海水背压阀调整照片

（2）主机中央冷却器海水出口总管调节阀开度原由冷却器淡水出口温度控制，由于控制操纵变量选取不合理，达不到良好控制效果，又造成大量海水浪费，所以更改为压力控制。具体做法如下：

① 将TT-A721.608，TT-A721.611温度探头的信号缆接到压力变送器上；

② 程序上找到温度探头对应的模块输入点，修改量程，找到程序控制PID模块，修改控制组态；

③ 修改触屏画面组态，调节阀PID调试，设置参数（见图1-1-27）。

（3）为了保证海水系统的稳定运行，防止系统压力突然降低而导致海水用户设备的意外关停，增加海水泵压力低自动启泵功能。压力下降到45psi时，自动启动备用泵（检测到PT721.526压力值降低到设定点），防止海水系统压力下降。该部分在PLC中更改程序，ifix中组态，见图1-1-28。

以上三种措施，主要工作量在第三项PLC程序更改优化上，同时现场海水设备用户的各项测试，需要消耗两个压力变送器，共计5000元。2019年3月，海水泵运行优化改进措施实施完成。

三、效果评价

改造前3台海水泵常年24h同时运转，消耗平台电能，也使得海水泵轴承等

图1-1-27　海水出口调节阀温度控制修改

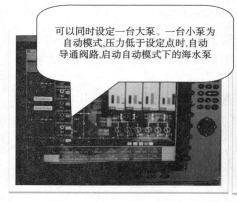

图1-1-28　海水泵压力低自动启泵修改

部件更容易出现故障，缩短泵的使用寿命。2019年3月海水系统改造完成后，泵由以前的3台运行减少为2台运行，在保证冷却效果、设备稳定运行的同时，减少海水流量，最大程度发挥海水系统能效，海水泵由3台在线减少至2台（一小一大）在线，实现了电能的节约。

根据泵的功率计算，每天节省用电量约为：$86kW \times 24h = 2064kW \cdot h$，从4月

1 日至 12 月 31 日 275 天内可节约电力 567600 kW·h，按照"南海挑战"平台单位发电耗油量 225mL/kW·h、平台重油相对密度 0.9365、原油折算标煤系数 1.4286t/t 计算，统计期内共产生节能量为：567600×225÷1000000×0.9365×1.4286 = 170.9tce。

同时，改造后降低了设备运行频率，减小了设备故障率，提高了值班人员对关键设备的监控力度，避免了因人员响应不及时而造成的设备关停。

1.2.17　"南海挑战"平台钻井水系统改造

一、背景

"南海挑战"平台钻井水系统主要由位于左后和右后泵房内的三台钻井水泵组成，为平台钻台和生活区等各个区域提供压力稳定的钻井水。为了维持管线内的压力，需保持至少一台钻井水泵处于 24h 运转状态。当设备所需的钻井水量小时，需要手动调节系统管路上的背压阀开度，使多余的水量回到钻井水舱，形成一个钻井水循环系统。钻井水泵每天 24h 的运转，增加了平台的电网负荷，造成了能源的浪费，也使得钻井水泵轴承等部件更容易出现故障，缩短了泵的使用寿命。

二、改进措施

平台对钻井水系统进行了优化，优化后钻井水泵的启停实现了手动和自动两种控制方式，钻井水泵不再需要全天 24h 运转，缩短了泵的运转时间，并实现了泵频繁自动启动时发出报警信号以提醒操作人员的功能。改进于 2016 年 5 月完成，具体改进步骤如下：

（1）将压力罐接入钻井水系统管路中，在罐顶增加服务空气注入管线，向罐体内注入服务空气（700kPa），以保证保压罐接入后仍能够维持原系统的压力（250～350kPa）。选用测量范围为 18～150psi 的低压压力开关，将设定点设置为 35psi 动作，该压力开关动作回差大约为 13psi，开关触发后约在 48psi 压力时复位，即当保压罐压力低于 35psi 时压力开关动作触发启泵信号，当罐内注水压力达到 48psi 时压力开关复位，能够满足维持系统压力在 250～350kPa 之间的要求。保压罐顶注气管和压力开关见图 1-1-29。

图 1-1-29　保压罐顶注气管（左）和压力开关（右）

（2）查看三台钻井水泵控制逻辑所对应的 BALLAST PLC 程序，其中 PLC 卡件 RACK8：SLOT1 数字量输入模块的 DATA7（M10040）为备用状态，将压力开关信号接入该点 M10040 所对应现场 PLC 控制柜端子 TB-10（09，10），作为钻井水泵自动状态下的启泵和停泵信号，备注为 START/STOP DRILLING WATER PUMP。

三台钻井水泵 101、102、103 原控制方式只有手动控制，通过新增 PLC 程序段，三台泵均可实现手动/自动控制状态切换，并且当其中任意一台泵被切换到自动状态时，其余两台不可再切换为自动状态。新增 PLC 程序中间点（见图 1-1-30）：

M05010： 101 泵手动/自动切换

M05011： 101 泵处于自动状态（取反为手动状态）

M05020： 102 泵手动/自动切换

M05021： 102 泵处于自动状态（取反为手动状态）

M05030： 103 泵手动/自动切换

M05031： 103 泵处于自动状态（取反为手动状态）

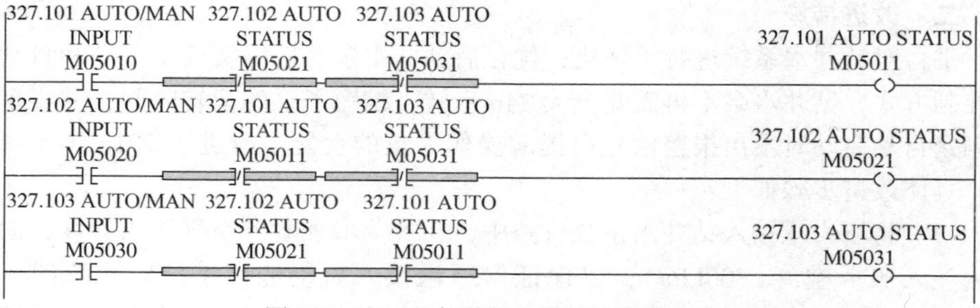

图 1-1-30　三台泵自动状态互锁逻辑图

新增程序后三台泵都可实现手动/自动启停方式，工作模式如下：

泵手动启动：泵处于可随时启动，停止任意一台泵，泵的运行状态不受压力开关控制，三台泵的启停互相不产生影响（此功能原系统已经存在）。

泵自动启动：①阀门在开启的状态（101 泵对应阀门 500 开启；102 泵可以由阀门 502/503 控制的两个舱进水，所以任意一个阀门开启即可；103 泵由于进口只有手动阀，没有控制阀，且不含阀门开关反馈，所以不受阀门限制）。②压力低信号触发启泵信号。

泵自动停止条件：①阀门关闭（101 泵对应阀门 500 关闭或故障；102 泵阀门 502/503 两个阀门同时关闭，或是一个阀门关闭一个阀门故障，或是两个阀门同时故障；103 泵不受阀门限制）。②压力低信号复位触发停泵信号。

考虑到泵的水源是钻井水舱的水，可能会存在舱内水位下降导致泵吸空的问题，特在泵运行时增加电流保护功能：当马达电流值低于 26A 并持续 30s 后停泵并保护自锁，发出警报（马达电流值在原系统时已接入 PLC，正常值为 40A 左右），需手动进行复位消除自锁和报警。利用原有的报警复位点 alarm_ res（原有的各个泵报警点 101 = M01510、102 = M01511、103 = M01512），增加报警计时器 T101、T102、T103 分别作为 101、102、103 泵电流过小 30s 计时器。

通过以上程序的编写，可实现泵的启停优化，三台泵能够各自单独进行手动控制；当其中一台泵处于自动状态时，其余两台泵不能切换至自动状态；自动状态时，当保压罐即钻井水管线压力低于 35psi，压力开关触发，处于自动状态的泵自动启动为钻井水管路和保压罐泵入钻井水，当保压罐压力达到 48psi 时，泵自动停止；当三台泵各自所对应管线回路上的阀门出现故障或阀路不通时，泵不能启动；泵运行时，当马达电流值低于 26A 并持续 30s 后停泵并保护自锁，发出警报。当淡水用量很大时，保压罐压力会很快减小，压力开关会在短时间内多次触发，导致钻井水泵频繁地启动和停止，所以编制短时间内多次启泵的保护报警程序。以 101 泵报警逻辑为例：在泵处于自动状态下时，一旦压力低信号触发，泵启动；取用泵的启动信号触发一个自锁点（M50001），该自锁点用于启动一个 30min 的计时器 T90（三台泵共用一个 T90 计时器）；若是在计时器计时的 30min 内，压力低信号再次触发，则弹出报警提醒操作人员（报警点 M50010）；30min 计时完后，自锁点（M50001）复位，那么压力低信号再次触发时不会弹出报警；操作人员也可通过程序通用报警复位点 alarm_ res 对自锁点（M50001）和报警进行复位。

在中控服务器和操作站的 IFIX 系统中调用报警点（M50010）作为触发报警条的逻辑点，通过测试，当报警触发时，中控服务器和操作站报警面板均能弹出钻井水泵 30min 内再次起泵的报警条，见图 1-1-31。

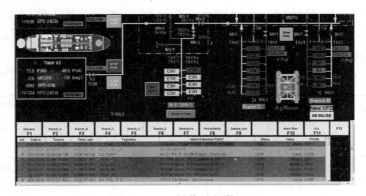

图 1-1-31 操作站报警画面

三、效果评价

系统改造前，泵处于连续运行状态，增加了平台的电网负荷，也使得钻井水泵轴承等部件更容易出现故障，缩短泵的使用寿命；改造后钻井水泵由以前的24h运行缩短到现在每天运行大约半小时，大大缩短了运行时间，减轻了电网负载，提高了设备运行效率，也避免电能的不必要消耗，每年节约电量＝22h×35kW×350天＝269500kW·h，按照"南海挑战"平台单位发电耗油量225mL/（kW·h）、平台重油相对密度0.9365、原油折算标煤系数1.4286t/t计算，统计期内共产生节能量为：269500×225÷1000000×0.9365×1.4286＝81.1tce。

该类改造适用于所有的循环系统，可以实现节约能源、降低设备运行频率、减小设备故障率的目的。对于该类24h运行的安全液体开式系统，在没有持续大流量需求的用户条件下，这个成功的改造方案是可以借鉴的。

1.2.18 陆丰13-1平台提高生产余热回收装置工作时率

一、背景

陆丰13-1平台原热水系统为三套60kW的电热锅炉系统，两用一备，位于平台生活区的三楼，电热锅炉为生活区提供温度60℃左右的热水。在生活热水系统耗电的同时，平台上的生产系统产生的温度达95℃的热水直接排海，大量的热能被浪费。因此，为了节省平台的电能，平台提出了对生产系统热水中的废热进行回收，利用废热加热生活热水取代电加热锅炉的方案。该方案成功应用于陆丰13-1平台，通过生产余热利用装置E2100对生产水废热进行了回收利用，新增功率为3kW的循环泵和供水增压泵，均为一用一备，取代了三套60kW的电热锅炉，设计生活热水全天候供应，经变频泵恒压输送到各用水点。

由于余热回收装置每月存在0.5天定期停机维护保养时间，以每月30日计算，其完全不发生故障时，平均每月正常运行29.5天，其工作时率为98.3%。但是，生产余热回收装置E2100存在运行不稳定情况，对其2015年故障情况进行统计，数据如表1-1-8所示。

表1-1-8　2015年生产余热回收装置故障情况统计

序号	直接原因	次数	频率/%	降低工作时率/%
1	出水管线爆管	1	4	0.32
2	水箱液位计故障	2	8	0.64
3	循环水泵故障	5	20	1.60
4	变频增压系统故障	17	68.0	5.44
合计	—	25	100	8

由表 1-1-8 可知，变频增压系统故障是引起生产余热利用装置工作时率低下的最主要原因，因此若将变频增压系统故障解决，便可大大调高节能装置的工作时率，若将变频增压系统的故障率降低 90%，则可提高工作时率：5.44%×90%=4.90%。

余热利用装置工作时率便可提高至：90.3%+4.90%=95.2%。

二、改进措施

平台对变频器重新设定，系统采用的 ABB ACS510 变频器具有休眠功能，可以有效避免电机长时间处于低频模式下运转，因此对变频器休眠模式进行设定。在设定变频器休眠模式时，考虑到因为水压变化较为频繁，为避免频繁启停电机，在不影响正常供水的前提下，经过反复试验最终设定在实际压力达到设定压力 0.58MPa，变频器的频率在 25Hz 连续运行 60s 的延时后，变频器 PID 控制处于休眠模式。而在管网压力低于设定压力的 10%后，延时 2s 启动变频器 PID 控制，从而在保证正常供水的前提下，避免了电机的频繁启动，同时又避免了电机长时间低频运行。其相关参数设定如表 1-1-9 所示。

表 1-1-9　睡眠模式参数设定

4022	睡眠选择	7	睡眠由给定值和实际值来控制
4023	睡眠频率	25Hz	
4024	睡眠延时	60s	
4025	唤醒偏差	10%	
4026	唤醒延时	2.0s	唤醒延时时间
4027	PID 参数选择	0	使用 PID 参数组 1

三、效果评价

改进后，平台对余热回收装置 E2100 变频增压系统的故障发生频次数据进行了比较统计，如表 1-1-10 所示。

表 1-1-10　2015 年和 2016 年 E2100 变频增压系统故障统计对比

序号	故障原因	2015 年发生次数	2016 年发生次数	提升工作时率/%
1	电机长期低频运行	12	0	3.84
2	机械密封损坏	2	1	0.32
3	轴承叶轮磨损卡滞	2	0	0.64
4	电机绝缘损坏	1	0	0.32
总计		17	1	5.12

从表 1-1-10 可知，改进后，将余热回收装置 E2100 工作时率提高至：

90. 3%+5. 12%＝95. 42%。

故障频次降低最明显的是电机长期低频运行引起的故障，其他的故障点通过采取合理有效的应对措施后，故障发生频次均得到了不同程度降低，达到了预想的效果。

节能方面，提高生产余热回收装置工作时率后，每月提高生产水换热器代替电加热器时间为 36.7h，每月节约用电（2×60-2×3）kW×36.7h＝6385.8kW·h，折合年节能量为 30tce。

通过加强巡检及维保力度，激活变频器的休眠模式及低转保护功能，消除了电机长时间低频运行产生的危害，改善了设备的运行工况，降低了电能消耗，从而使该节能装置运行更加节能、高效，大大提高了节能装置的工作时率和效能。

1.2.19　基于长期低负载运行的 T70 透平参数优化

一、背景

发电机是海上作业平台最为关键的动力设备，为整个平台提供电力供应。南海海域该平台选用 Solar 公司金牛座（TAURUS）T70 双燃料（柴油/天然气）透平发电机，同时在透平尾气出口处安装了一套废热回收系统（WHRU），在实际使用中透平发电机不仅为平台提供电力，其高温废气在废热回收系统中对热媒油进行加热升温，为平台工艺生产处理系统提供热量，系统简图如图 1-1-32 所示。

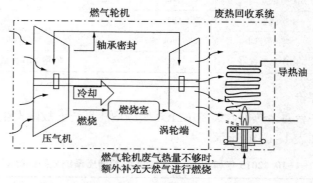

图 1-1-32　燃气轮机及废热回收系统流程图

T70 透平以空气作为介质，工作时压气机从外界大气中吸入空气并将其压缩，压缩后的空气分为三部分，一部分进入燃烧室与喷入的燃料混合后燃烧，产生高温高压的燃气进入涡轮膨胀做功；另一部分压缩空气作为密封气对轴承进行密封，防止润滑油泄露；大部分压缩空气则起冷却作用，防止机组部件温度过高，但这些冷却用的压缩空气直接影响机组尾气温度。废热回收系统主要是利用 T70 透平尾气的热量对热媒油进行加热，当热媒油温度达不到工况要求温度时，废热回收系统启动补燃，额外燃烧天然气辅助对热媒油进行加热。

主发电机由两台 T70 型双燃料透平发电机组组成，由于透平和发电机负载能力是随着平台用电设备负载和环境温度的变化而变化，而且波动较为明显，故每种型号的透平和发电机出力的大小必须与负载和环境条件相对应。T70 透平在 ISO 条件下的净输出功率为 7250kW，36℃ 环境条件下净输出功率为 5762 kW，其配置的发电机的额定功率为 6500kW。但由于近年来平台产能未能完全释放，部分预留的动设备暂未投用，平台用电功率长时间维持在 1400～1800kW，使得透平发电机组长期处于低负荷运行的状态，机组最佳工况与实际工况存在较大差异。由此产生两个问题：

（1）机组的燃料/电能转换效率较低

以 2016 年、2017 年该平台透平发电机组的运行情况为例，此期间平台能耗负载较低，其消耗的燃料及发电量数据见表 1-1-11。

表 1-1-11　透平发电机组优化前燃料/电能转换率计算表

时间	燃料气消耗量/（万 m³）	柴油消耗量/t	发电量/(kW·h)	天然气发电转换率/[m³/（kW·h）]
2016 年	690.36	16.09	8465914.04	0.81789
2017 年	738.07	68.63	9024517.37	0.82758

由表 1-1-11 可知，在透平发电机组原始的参数配置下，天然气发电转换率为 0.82274 m³/（kW·h）。

（2）无法满足废热回收系统低负荷下的热量需求

根据平台设计阶段对透平发电机组选型时的考虑，如果机组功率负载约 5000～5800kW，按照机组的默认运行参数，其尾气温度将在 470～513℃ 之间，能满足平台投产初期小处理量时废热回收系统的热量需求。但在平台目前的用电负载较低、透平功率较低的情况下，机组尾气温度只维持在 270～310℃，无法完全满足平台目前工况下废热回收系统的热量需求。机组运行状况与废热回收系统耗能的关系见表 1-1-12。

表 1-1-12　机组运行状况与废热回收系统耗能的关系

	实际负载	尾气温度/废热回收系统入口温度	是否满足废热回收系统的耗能要求
最佳工况	满负载的 70%～80%，约 5000～5800kW	470～513℃	能满足工艺系统小处理量的能耗需求
目前实际工况	满负载的 20%～25%，约 1400～1800kW	270～310℃	不能满足废热回收系统耗能要求

二、改进措施

经过细致的分析研究，发现影响上述系统参数的关键因素是 PCD(压气机出口的压力)，经过压气机压缩后的压缩空气主要有以下作用：

a. 进入燃烧室与燃料(天然气雾化柴油)混合后燃烧做功；

b. 作为冷却空气保护机组部件并控制尾气温度，但如果冷却量过大，热气(燃烧后的气体)未得到充分的膨胀做功即被冷却，影响机组的热效率；

c. 作为密封气对齿轮箱、轴承等部件进行密封，防止润滑油泄露。

可以看出 PCD 是影响尾气温度和润滑系统轴承回油温度的重要因素。

在透平发电机组负载为 20%~25%、约 1400~1800kW 的工况下，设备出厂时的 PCD 默认设置约为 1200kPa，此时透平性能如前面分析，未能很好地达到原设计效果。考虑到机组实际负载较小，参与燃烧的压缩空气裕量较大，可以适当减少 PCD 值，因此可考虑添加 PCD 限制逻辑器。

1. PCD 限制逻辑器的功能及效果

在低负载下，PCD 限制逻辑器通过降低进气导叶的开度，把 PCD 由原来的 1200kPa 转换成 900kPa，由此减少冷却空气的流量与压力，使得天然气燃烧后充分地膨胀做功，提高机组的热效率。优化后消耗的燃料及发电量数据见表 1-1-13。

表 1-1-13 优化后透平发电机组燃料/电能转换率计算表

时间	燃料气消耗量/万 m³	柴油消耗量/t	发电量/(kW·h)	天然气发电转换率/[m³/(kW·h)]
2018 年 8 月	73.79	0	24262182.01	0.57581
2018 年 9 月	54.66	0	17971811.48	0.66592
2018 年 10 月	65.73	0	21609591.22	0.72251

PCD 参数优化之后，经过三个月的观察，透平发电机组发 1kW·h 电消耗燃料降低为 0.65474 m³，比参数优化前降低了 0.168 m³。此外，机组尾气温度提高约 100℃，基本满足平台目前废热回收系统的热量需求。PCD 参数优化前后机组运行状态对比见表 1-1-14。

透平 PCD 降低后，对轴承进行密封作用的密封气压力也随着降低，高温气体对轴承的影响减小，从而减少了对轴承油膜的破坏，延长轴承使用寿命。

表 1-1-14　PCD 参数优化前后机组运行状态对比

	轴承回油温度/℃	T7 温度/废热回收 系统入口温度/℃	是否满足废热回收 系统的耗能要求
优化前	85	270~310	不满足废热回收系 统耗能要求
优化后	80	390~420	能满足 MRU4m³/h 的处理量 及 TEG 再生系统处理需求

2. PCD 限制逻辑器使用前提

在负载发生突变或者在大功率负载下，PCD 限制逻辑器将不起作用，机组将基于功率或三级透平温度（T5）的控制要求调节进气量、压气机出口压力。这样保证了此次参数优化是完全针对现阶段低负载的工况，对机组的其他性能影响降到最低，保证机组安全有效运行。

三、效果评价

通过对 PCD 参数优化，不仅降低了燃气轮机轴承的回油温度，改善了运行条件，提高了机组运行稳定性，延长了机组使用寿命，同时还具有巨大的经济效益。

按照目前日产 420 万 m³ 湿气计算，主机月发电量为 910106 kW·h，月消耗燃料气 675620 m³，每月可节约天然气量：

$(0.82274-675620÷910106)×910106=73163$ m³，折合 85.02t 标煤。

注：（1）0.82274 为 2016 至 2017 年透平主机发 1kW·h 电所需天然气量（m³）；

（2）取每月 30 天计算月发电量及天然气消耗；

（3）月节约的天然气量与当月天然气产量关系较大，因此计算当月的节能量需按照当月实际消耗天然气（柴油）与实际发电量计算。

1.3　经验与总结

生产运行优化是非常重要的节能管理措施，实施简单，基本无投资或投资很小，且对生产的影响较弱，实施后项目成功运行的概率非常高，所以该项节能管理措施值得现场管理人员及一线生产人员重视。

深圳分公司已实施的生产运行优化节能管理措施中，有些项目取得了非常好的节能效果。"番禺 30-1 平台钻井模块向生产模块反向送电"项目，在仅仅四个月的统计期内，就实现了 2331tce 的节能量，效果非常明显。"西江油田生产工艺参数调整"项目，2010 年至今共节约原油 24166m³，且该项目无任何投资，只是对工艺参数在满足生产要求的情况下做出了调整，对生产无任何影响。"'南海盛开'号优化油轮储油舱运行温度参数"项目，两个统计期内分别实现了

3429tce 和 3674tce 的节能量，且两个统计期内的调整一直沿用；之后油田人员进一步对运行参数进行了调整，虽然效果不佳对产品质量造成了一定的影响，但对生产并无影响，油田人员通过调整恢复了产品质量，对油田并未造成不良影响。

　　生产运行优化节能管理措施无固定思路可寻，但只要一线生产人员用心观察思考当前的生产工艺系统、公用工程系统等运行状况，发现目前运行过程中存在的弊端，就一定可以发掘优化空间。深圳分公司之前实施的大量优化项目，也可以为生产运行优化的开展提供一定的经验，例如：原油生产和贮存温度参数控制，在各油田生产过程中为保证产品质量温控一般都偏高，各油田一线生产人员可根据油田实际情况对温度进行研究并逐步降低，由于原油生产和保温过程耗热很高，因此每降低一度都会产生很大的效益；电力运行优化问题，各生产设施发电机均存在低负荷运行的情况，导致运行效率偏低，燃料消耗较高，通过与钻井模块反供电或在多台发电机供电的情况下调整参数实现部分发电机的关停，可大幅降低发电过程的燃料消耗。

　　在各生产设施生产过程中，现场一线人员必须重视生产运行优化，通过生产运行优化不但可以实现节能减排的目的，还可以实现生产过程的不断优化，不断降低生产成本，增加生产效益。

2 资源节约及回收利用

2.1 措施概况

海上油气田及终端在油气开采及处理过程中消耗大量能源，如天然气、原油及柴油等，同时油气田及终端在运营过程中，会产生大量的资源消耗。例如：淡水，由于海上生产的特殊性，海上工作人员在平台或终端生活，在生活过程中会消耗大量的淡水；为保证平台的洁净，在冲洗甲板过程中也会消耗较多的淡水。柴油，海上油气田在极端天气或检修时，需要停产，停产后为避免油井关停后原油凝固堵塞油管，或者原油中携带的泥沙沉积到泵腔体内卡泵，需要对油井实施压井作业，用柴油置换油管内原油，此时柴油并不作为能源使用，而作为资源消耗。

资源的节约也是海上生产设施生产人员降本增效的重要手段。相较节约能源，资源节约的措施有限。对于淡水，倡导员工日常生活节约用水是基本方法，例如加强节约用水宣传、制定节约用水制度、开展节约用水培训教育及活动等；在节约用水的基础上，对洁净的淡水进行回收，是淡水资源节约的重要举措，例如利用海上雨水多的特点，对雨水进行回收，或利用海上制冷设施多冷凝水产生量大的特点对冷凝水进行回收。对于压井用柴油，可根据原油的性质优化压井方式，逐步减少柴油用量。

资源节约产生的效果虽然不如能源节约明显，但海上生产设施资源使用量也远低于能源使用量，因此海上各生产设施仍需对资源节约重点关注。且资源节约的空间很大，生产人员在工作中只要用心关注资源供应及利用的每一个细节，一定可以发掘出资源节约的空间，减少设施资源的使用量。

2.2 措施应用情况

2.2.1 番禺 4-2B 平台降低压井柴油消耗优化与应用

一、背景

番禺 4-2B 平台位于我国南海东部海域热带低压气旋活跃区，年平均台风次数可达 10 次，油田原油物性差，地面原油密度 0.900～0.971g/cm³（20℃），平均 API 度为 19.16，属于较稠油藏，平台有生产油井 32 口。为了避免油井关停后原油凝固堵塞油管，或者原油中携带的泥沙沉积到泵腔体内卡泵，需要在台风撤离关停或修井作业时对油井实施压井作业，用柴油置换油管内原油。

多年来油田一直沿用之前的工程经验，采取笼统压井模式，对含水率超过 80% 油井不压井，对含水率低于 80% 油井压至电潜泵入口。以 2016 年为例，单井含水在 80% 以下有 4 口，按照油管体积计算，压井至电潜泵入口需柴油约 59.42m³。台风过后恢复生产时，会出现个别油井无法正常启动的情况，在二次压井后电潜泵能重新启动，再次消耗柴油约 15m³ 左右，共耗柴油量 75m³，同时还需耗费大量时间和人力。单井压井工程推荐表见表 1-2-1。

表 1-2-1　2016 年番禺 4-2B 单井压井柴油量工程经验推荐表

井号	SCSSV 深度/m	泵挂深度/m	油管外径/in	油管内径/in	至 ESP 入口油管容积/m³
B06H	209.9	1136.8	5.5	4.958	14.15
B25H	202	1085.6	5.5	4.958	13.51
番禺 10-5-A1H	192.7	1366.2	5.5	4.958	17.01
番禺 10-8-A1H	194.6	1184.9	5.5	4.958	14.75
合计					72.99

二、改进措施

针对柴油消耗量高、压井作业时间长、二次压井、现场人员劳动强度大等问题，结合番禺 4-2B 油田地质油藏特点，油田对柴油压井方式进行了系统性分析和优化。具体实施过程如下：

1. 凝点分析确定需压油井

将平台油品送陆地实验室分析化验后得知，番禺 4-2B 平台原油凝点为 12℃，倾点为 15℃，海床最低温度为 16℃，由于井口采油树至井下安全阀部分通过海水导致温度较低，此段原油容易发生凝固，因此该部分的分析研究至关重要。由表 1-2-2 番禺 4-2B 单井原油物性可知，大部分油井原油凝点低于 0℃，凝点在 16℃ 以上有 7 口井，分别是 B01H/B03H/B06H/B25H/B29H/番禺 10-5-A1H/番禺 10-8-A1H，为防止原油凝固需进行压井。

表 1-2-2　番禺 4-2B 单井原油物性

井号	含水/%	密度/(g/cm³)	黏度/(mPa·s)	凝点/℃
B01H	95.7	0.904	11.5	36
B02H	95.5	0.965	73.78	<0

续表

井号	含水/%	密度/（g/cm³）	黏度/（mPa·s）	凝点/℃
B03H	95.6	0.929	16.89	35
B04H	95.5	0.963	81.75	<0
B05H	95.4	0.948	39.51	12
B06H	72.5	0.922	8.934	33
B07H	95.3	0.952	39.51	12
B08H	95.3	0.955	73.78	<0
B09H	95	0.956	51.94	<0
B10H	91	0.969	196.5	<0
B11H	92.2	0.97	205.4	<0
B12H	93.4	0.965	69.63	<0
B13H	93.4	0.971	198.6	<0
B14H	95.5	0.961	78.12	<0
B15H	93	0.956	62.3	<0
B16H	92.2	0.951	62.3	<0
B17H	94.5	0.94	46.63	13
B18H	94.1	0.961	79.62	<0
B19H	95.4	0.975	204.3	<0
B20H	95	0.973	62.3	<0
B21H	94.2	0.973	46.43	13
B22H	93.4	0.961	62.3	<0
B23H	95.3	0.969	62.3	<0
B24H	94.3	0.965	73.78	<0
B25H	47	0.894	6.858	37
B26H	91.4	0.965	73.78	<0
B27H	92.7	0.966	73.78	<0
B28H	90.5	0.963	73.78	<0
B29H	95.8	0.909	16.89	36
B30H	91	0.95	46.43	13
B31H	94.5	0.962	39.51	12
番禺 10-5-A1H	68.5	0.905	34.7	39
番禺 10-8-A1H	62.5	0.876	16.5	36

2. 黏度和出砂对电潜泵重启的影响

通过压井作业可以消除原油凝固造成泵无法正常启动的影响，同时可以降低原油黏度，冲走沉降淤积在电潜泵腔体内的泥沙，避免卡泵。

由表 1-2-2 可知，番禺 4-2B 单井原油物性除确定需要压井的 7 口井外，其他油井含水均在 95% 左右，不存在乳化现象，流动性好，黏度小，基本不会影响电潜泵正常启动。对各单井进行了持续的取样分析，并借助于在线含砂分析仪持续对井液含砂量进行监测，通过连续监测分析，发现油井现阶段基本不出砂，或者砂体颗粒极细微，不会从井液中沉降淤积堵塞电潜泵腔体。因此，除确定的 7 口油井 B01H/B03H/B06H/B25H/B29H/番禺 10-5-A1H/番禺 10-8-A1H 需压井外，其他油井可以不压井。

3. 压井深度确定

油井正常生产时，油管内原油温度远高于周围介质温度。关井后油管内井液不断向周围介质（海水、地层）传递热量，随着井液温度逐渐降低，内外温差逐渐减小，直到井液温度与外界环境温度相同即与地层温度一致时温降结束。随着深度递增，并在某一深度其对应温度与原油凝点 T_o 一致时，将此深度位置定为 H_o，即原油凝固临界深度，也就是需要压入柴油深度。油田地温梯度见图 1-2-1。

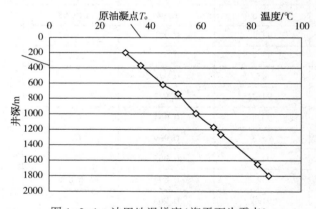

图 1-2-1 油田地温梯度（海平面为零点）

根据 DST 测试得到的油层中部地温梯度为 3.63℃/100m，地温梯度公式 $H = 27.536T - 620.84$（H——地层深度，m；T——地层温度，℃）。以 B01H 为例，$T_o = 36℃$，根据公式计算可知，柴油压井回挤深度 $H_o = 370.5$m（距离海平面），井口采油树距离海平面约 26.5m，故柴油压井深度为 $H = 370.5 + 26.5 = 397$m，以 5-1/2" 油管计算，此段管柱置换需要柴油约 4.94m^3。同理，根据以上分析，对其他各井需要的压井深度进行计算，各井需要的柴油量如表 1-2-3 所示，共需柴油约 34.58 m^3。

表 1-2-3　单井柴油压井量计算表

井号	SCSSV 深度/ m	油管外径/ in	油管内径/ in	压井深度/ m	柴油量/ m³	优化后柴油用量/m³	海水量/ m³
B01H	210.1	5.5	4.958	397	4.94	2.33	2.62
B03H	219.3	5.5	4.958	369	4.59	1.86	2.73
B06H	209.9	5.5	4.958	314	3.91	1.30	2.61
B25H	202	5.5	4.958	424	5.28	2.76	2.51
B29H	192.3	5.5	4.958	397	4.94	2.55	2.39
番禺 10-5-A1H	192.7	5.5	4.958	480	5.98	3.58	2.40
番禺 10-8-A1H	194.6	5.5	4.958	397	4.94	2.52	2.42
合计					34.58	16.89	17.69

考虑到经济性，为尽量节省柴油且达到防凝固的目的，可以将压井深度细分为井口采油树至井下安全阀和井下安全阀至原油凝点两部分。先压部分柴油至凝点，然后井下安全阀以上用海水顶替。以 B01H 为例，具体压井深度剖面如图 1-2-2 所示，优化后压井柴油消耗量见表 1-2-3，共需柴油量降低至 16.89m³，节省柴油量 34.58−16.89＝17.69m³。

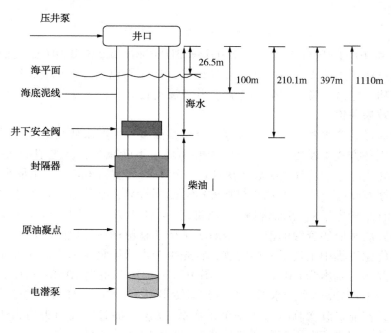

图 1-2-2　B01H 压井工艺流程剖面图

2016 年 8 月 1 日避台前对 B06H/B25H 进行了减少柴油压井量的初步试验，在 3 天后恢复生产，一次性启动成功，电潜泵各项参数正常；2016 年 10 月 6 日避台对 7 口井进行了优化压井，均重启正常。

4. 生产水代替柴油压井

2016 年 10 月平台生产人员经过不断地思考与实践，集思广益，提出一个新的想法，使用生产外排水进行压井作业，水力旋流器出口生产水 OIW<60mg/kg，含蜡含油物质已经大幅下降，温度 80℃ 左右，非常适合用于冲洗置换井筒内原油，而且耗水量不受限制。

平台制定临时改造流程，充分利用现有冲砂管线，从一级分离器冲砂管汇连一条 DN50 耐压管线到采油树压井管汇，生产水从水力旋流器出口经冲砂管线到生产水增压泵增压后，经由一级分离器冲砂管线至临时管线，后经采油树压井管汇至采油树，最终到达井底。生产水压井流程图见图 1-2-3。

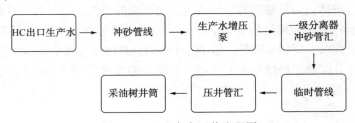

图 1-2-3　生产水压井流程图

2016 年 10 月 19 日避台前对 B01H/B03H/B06H/B25H/B29H 在其他优化措施上继续进行了生产水代替柴油压井的试验，在 4 天以后复产时，5 口井均一次性启动成功，电潜泵各项参数均正常，井液流动良好。

三、效果评价

平台通过高含水井不压井、合理选择压井深度、生产水代替柴油压井等一系列措施，压井方式不断优化，使柴油压井消耗量不断减少，从之前的 75m³ 减少到 0m³。按平均每年避台风次数 3 次计算，年节约柴油 264m³，节能量为 319tce。柴油价格按 6000 元/m³、原油价格按 60 美元/桶计算，平均每年可产生经济效益＝年柴油消耗减少量×(柴油价格−原油价格)＝81.5 万元。同时减少海上船舶补给柴油的频次和船舶资源的浪费，也减少了柴油补给作业的风险。

项目优化过程中出现了一些问题，首先生产水增压泵压力不满足要求，大部分单井关井压力基本为 0MPa，其中番禺 10-5-A1H 和番禺 10-8-A1H 关井后井口压力大于 1.0MPa，生产水增压泵正常运转出口压力约 1.0MPa，增压泵无法进行正常压井作业。其次临时管线安全系数低，DN50 临时管线两头均为快速接头连接，压井过程中存在脱落或泄漏致高温高压生产水伤人的隐患。

针对以上问题，平台进行了进一步工艺流程改进，生产水增压泵改为压井泵，加装从水力旋流器至压井泵入口硬管，压井泵入口增加一个三通，一路生产水，一路柴油。进一步改进前后现场照片见图1-2-4。

图1-2-4　进一步改进前(左)后(右)现场照片

2017年8月22日避台前对B01H/B03H/B06H/B25H/B29H/番禺10-5-A1H/番禺10-8-A1H进行了生产水代替柴油压井实验，3天以后复产，此3口井均一次性启动成功，各项参数正常。

2.2.2　高栏终端山泉水回收利用

一、背景

白云天然气作业公司珠海高栏终端，地处海边山地，厂内大部分地基都是削山碎石填埋而成，空余地带栽种大量绿化草木。由于这种碎石土壤保水性差，即使春夏的暴雨，也是落地即渗漏得不见踪迹，为了使绿化草坪和树木苗壮成长，一年四季都需要大量的绿化用水，特别是夏秋季节，灌溉日用水量曾达到800m³/d。绿化用水主要用经处理后的污水，但由于终端用水量大，需要频繁向绿化水池中补充市政自来水，造成终端用水量大，经济成本高。

面对如此大的绿化用水量，需要尽快找出开源节流的办法。经过对高栏终端地理位置和环境条件的考察，白云作业公司的人员注意到高栏终端建在广东省珠海市高栏港经济开发区，高栏港属热带海洋性季风与亚热带大陆性季风环流相互影响，并以海洋性季风气候为主要特征的区域性过渡型气候，夏季多东南风，光照充足、气温高、湿度大；夏秋季常受台风影响，风力强、雨量大；春季冷暖气流交替，阴雨多雾；周边山泉水丰富，因此可充分利用此特点，将山泉水进行回收并利用。终端 6m 标高区的山脚下，有三四处比较大的山体泉水，由 50m 标高区域和附近山上的雨水沉积而成，水量较大，常年不间断，可提供充足的山泉水源。经化验，水质各项指标符合绿化用水标准，无须添加任何药剂处理，通过将山泉水回收利用，可有效缓解灌溉用水压力，节约市政用水量。改造前绿化用水流程图见图 1-2-5。

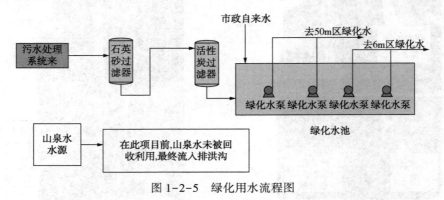

图 1-2-5　绿化用水流程图

二、改进措施

由于过度频繁的补充市政自来水至绿化水池，造成终端用水量偏大，而山泉水水质各项指标符合绿化用水标准却未被利用，造成自然资源的浪费，结合高栏终端实际运行情况以及所处的地理环境和气候环境，需解决的核心问题在于山泉水的处理及回收利用。为了解决山泉水未得到充分回收利用的现状，高栏终端通过对水处理系统整体运行状况和山泉水回收利用项目进行讨论，并结合数据分析，于 2014 年 12 月开始对水处理系统进行改造工作，2014 年 12 月下旬完成投用。改造主要增设一个引流装置和 10m³ 的蓄水池，两台排量为 5m³/h 的自动控制潜水泵，将山泉水收集后通过潜水泵排至绿化水池。

具体实施步骤为：

（1）在泉水附近挖开 3m 见方的大坑，在坑内建成一个约 10m³ 的砖混蓄水池，通过该蓄水池，可将山泉水源源不断引入其中，蓄水池见图 1-2-6。

（2）在山泉水流出口至蓄水池之间搭建一个小型引流装置，通过该装置，避免山泉水水源流至其他区域，将比较零散的泉水梳理汇流成两股比较大的泉水，使其汇聚一起流入 10m³ 的蓄水池。

（3）在小型引流装置底端接通一根 DN100 的 PVC 管线连接至 10m³ 蓄水池。

（4）蓄水池内安装两个排量为 5m³/h 的自动控制潜水泵，泵出口汇至一根 DN50 管，管线连接至石英砂活性炭过滤器出口，当启泵时可将蓄水池中的水排

图 1-2-6 蓄水池现场图片

至绿化水池。

（5）穿管布线，安装现场控制箱，装配相关管线阀门及水表。

2014 年 12 月 29 日，一切准备工作完成，当两股泉水引入蓄水池后，潜水泵通过蓄水池的液位自动启停，山泉水顺着布好的管线流入 2100m³ 容积的绿化水池。

山泉水回收利用后绿化用水流程图见图 1-2-7。

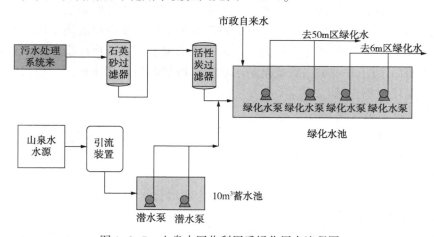

图 1-2-7 山泉水回收利用后绿化用水流程图

三、效果评价

经测算，干旱时期每天可收集泉水近 100m³；丰水期或大雨后，收集水量可比干旱期大 2 到 3 倍，在基本上没有投入资金设备的情况下，此项每年节水 3 万 m³

以上，每年实现节约成本 10 万以上。项目实施后，高栏终端日均用水量由 1057m³ 降低到 679m³，彻底告别了用自来水浇灌的历史。

2.2.3 西江油田收集空调冷凝水

一、背景

西江油田作业区"海洋石油 115"为浮式生产储油卸油装置，油轮日常维修管理人员较多，人员主要的生活办公区较宽敞。油轮位于南海东部海域，天气炎热，生活楼制冷供风系统全年正常运转，目前中央空调系统分为两套，一套专为生活楼制冷供风，配置 3 套风机换热；另一套为中央控制室及各配电间制冷供风，配置 1 套风机换热。风机在换热过程中一直伴随着冷凝水的产生，冷凝水总产生量每天大约为 4m³，每月产生量 120m³，直接回收至冷凝水舱，再由船系人员定时将冷凝水通过冷凝水泵循环至海水压力柜，以满足日常生活所需。

油轮甲板面较为宽阔，甲板人员每周至少对甲板进行一次全面冲洗，冲洗过程中需使用淡水，冲洗甲板的淡水用量以 25m³/周/次计算，每月需 100m³ 淡水。如果将该冷凝水管线引流至淡水系统，以每月回收量 120m³ 计，正好可以满足冲洗甲板用水需求。

二、改进措施

为了将回收的冷凝水应用到淡水系统以满足现场冲洗甲板，实现节约能源减少浪费，油田对回收管线进行了改进，改进于 2015 年 12 月底完成。项目在考虑油轮管线工艺布局、船体构造及油轮的特殊载体要求、减少现场施工时间及耗材所需及油轮热工作业的风险性较高等各种因素前提下，直接将冷凝水回收泵出口管线上增加三通，并增加一管线至淡水系统，再配置两个截止阀门，项目总投资 5 万元。新增材料包括：

$DN50$ 合金钢管线 8m；

$DN50$，$PN1.6$ 截止阀门 2 个；

管线 $DN50$ 连接法兰 4 个；

$DN50$ 三通一个。

改造工艺管线图纸见图 1-2-8(粗线条为新增管线)。

三、效果评价

项目改造前，由于前期建造时将冷凝水设计为生活污水处理所用，冷凝淡水通过回收泵输送至海水压力柜供日常厕所冲洗用。项目改造后，每月中央空调回收的冷凝水可以直接用至甲板冲洗，每年可以节约淡水 1440m³，减少了油轮淡水使用量，且降低了制淡装置的能源消耗，变相提高了制淡设备使用周期，减少了零配件耗材。

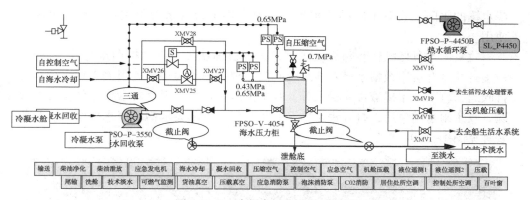

图 1-2-8 冷凝水回收改进流程图

该项目目前正常运行，运行过程中遇到过一些问题，但是都得到了解决，如下：

（1）冷凝水回收泵机封渗漏。

冷凝水回收泵经常使用，机封正常磨损，按照油轮设备管理要求，每年均需要对各泵进行正常的拆卸检修，正常更换常用备件。

（2）管线焊接处出现穿孔渗漏。

管线使用长久后，经氧化腐蚀，均会出现不同程度的渗漏，该渗漏很小，使用一般堵漏工具完成封堵。

2.2.4 恩平 23-1/18-1 平台直升机甲板雨水收集

一、背景

淡水是海洋石油生产现场不可或缺的宝贵资源，海上平台目前淡水来源一般有利用造水机将海水处理得到淡水和外购淡水两个途径。鉴于海上的淡水资源比较匮乏的现状，恩平 23-1 和恩平 18-1 平台考虑利用海上雨水较多的优势，对雨水进行收集利用，实现节约淡水资源、有效降低能耗的目的。

二、改进措施

恩平 23-1 和恩平 18-1 平台在设计阶段，就将雨水收集加以考虑，以节约平台淡水资源，油田所处位置的降水资料见表 1-2-4。

表 1-2-4 各天气状况降水分布

参数	暴雨天/d	雾天/d	年降水量/mm	最大小时降雨量/mm
数值	37.0	5.0	2382.7	89.4

具体实施方案为：平台生活楼顶层甲板（飞机甲板）设置集水槽，集水槽出口管线增加三通接入到淡水罐，在雨季雨水较多时，可打开直升机甲板集水槽至

淡水罐的阀门，收集干净的雨水到淡水罐，供平台淡水管网用户与钻井水用户使用。

收集雨水具体操作步骤为：在直升机甲板确认集水槽已被雨水冲洗干净后，缓慢打开直升机甲板集水槽至淡水罐阀门。根据雨水大小，适当关小集水槽至开排阀门，直到淡水罐液位开始上升。收集雨水过程中，观察淡水罐液位及天气情况。收集雨水结束后，打开集水槽至开排阀门，关闭集水槽至淡水罐阀门，收集装置见图1-2-9。

图1-2-9　恩平23-1平台和恩平18-1平台直升机甲板雨水收集装置图

三、效果评价

恩平23-1平台和恩平18-1平台生产平稳后，现场开始组织雨水回收工作。以2018年11月6日雨水回收为例，通过记录下雨时段淡水罐液位变化，计算当日雨水收集量为1400L。

现场实践证明，直升机甲板雨水收集装置效果良好，仅在2018年全年恩平两个海上平台共计节约淡水76m³，目前该节水措施仍在正常使用。

2.2.5　恩平油田空调冷凝水收集

一、背景

淡水是海洋石油生产现场不可或缺的宝贵资源，海上平台目前淡水来源一般有利用造水机将海水处理得到淡水和外购淡水两个途径。恩平油田生产人员在节约淡水方面做了大量的工作，其中一项重要举措是对各设施生活区和组块中央空调制冷过程中产生的冷凝水通过连接管线回收至淡水罐，供各设施冲洗甲板和厕所冲洗马桶等使用，以实现节约淡水资源、降低能耗的目的。

二、改进措施

恩平23-1和恩平18-1平台在设计阶段，就将空调冷凝水回收加以考虑，以节约平台淡水资源。具体实施方案为：在每个空气处理单元撬外增加DN25不锈钢收集管线并安装自动排水阀，待冷凝水聚集增多后，自行流入管线，各台空气处理单元冷凝水收集管线汇合后接入平台钻井淡水罐，供平台淡水管网用户与钻井用户使用，冷凝水收集方案见图 1-2-10。

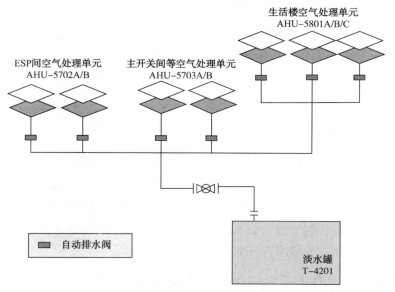

图 1-2-10 恩平 23-1 和恩平 18-1 平台空调冷凝水收集方案示意图

恩平 24-2 平台在无钻井作业时，平台两台造水机的造水量能够满足工作和生活要求，但造水机连续运转，造成能耗较高。后平台对冷凝水进行了回收，利用软管对冷凝水排水口和淡水罐进行了连接，冷凝水回收后使造水机能够在间歇性运转情况下即能满足平台淡水需求，冷凝水收集方案见图 1-2-11。

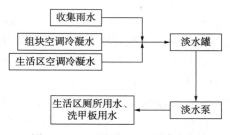

图 1-2-11 恩平 24-2 平台空调
冷凝水收集示意方案示意图

"海洋石油 118"FPSO 结合设施自身实际状况，在对空调冷凝水进行收集利用的基础上进行统计分析得出："海洋石油 118"FPSO 冷库、空调冷凝水回收量每天大约在 $15\sim20m^3$，主要用于卫生间的冲洗，由于冷凝水产生量很大且超过日常的使用量，导致冷凝水舱溢满排海浪费，因此现场人员集思广益将多余冷凝水进一步综合回收并利用。由于日常舱底水舱处于空的状态，可以用作储存舱，因此现场人员加管线连通舱底水舱的分支管路，并在冷凝水总管加装一个支管到舱底水舱，冷凝水收集方案见图 1-2-12。

三、效果评价

经统计，2017~2018 年恩平油田海上设施该项目共计节约淡水 2203t。空调冷凝水的循环回收使用降低了造水机的造水次数，而且在减少造水机维保成本的

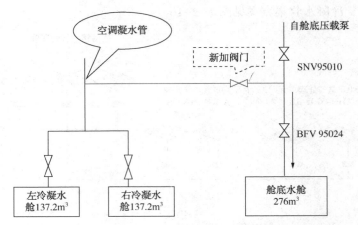

图 1-2-12 "海洋石油 118"FPSO 空调冷凝水溢流收集图

同时起到节能效果,但节能效果各设施并未详细统计。目前恩平油田四个海上设施空调冷凝水项目一直沿用,且效果良好。

2.2.6 恩平海上平台优化压井节省柴油

一、背景

恩平平台单井原油含水低,凝点高,在平台长时间停产时,需要用柴油压井,避免原油在油管中凝固。根据以往经验,压井时用柴油把油管中的原油压回至电潜泵吸入口,但是这样柴油的消耗量较大,以恩平 18-1 为例,一次压井柴油用量达到 110m³。恩平油田目前有恩平 24-2、恩平 23-1 和恩平 18-1 平台,按照每年两次撤台和停产检修一次,结合目前恩平 18-1 平台共 15 口井的生产状况,仅恩平 18-1 平台每年进行压井作业需要柴油 330m³,而恩平 18-1 平台是恩平所有平台中井口数量最少的。由此可见降低压井柴油消耗量对于恩平油田减少作业风险、降低生产能耗是非常重要的。

二、改进措施

在恩平作业区陆地技术人员的帮助下,恩平 24-2 平台以岩心实验室提供的各单井原油物性数据中原油凝点为依据,并考虑到各井凝点差异,提出只需将原油压回到地温梯度等于凝点温度的地层深度,让原油处于与凝点相当的地温环境的方案。在恩平 24-2 平台 2017 年 6 月停产大修中,单次节约柴油 48.07m³,取得了明显的节能降耗效果。

恩平油田及时地在油田内部将恩平 24-2 平台经验进行推广,并且针对恩平 18-1 平台稠油油藏的特点进行了单独的分析实验:恩平 18-1 平台现有的生产井均位于珠江口盆地韩江组下段,根据油井资料以及多次的化验结果表明,这 13

口井的原油含蜡量低，凝点在 0℃ 以下，在常温下不会凝固，只是流动性减弱。根据恩平 18-1 平台原油特性，平台人员判断在平台关井之后不进行柴油压井是可行的。2017 年 4 月，平台对 A3H 和 A13H 井进行压力恢复试验，关井后未进行柴油压井作业，6 天后这 2 口井一次性开井复产成功。2017 年 6 月，在停产大修期间，根据油藏作业部的建议，A3H/A8H/A9H/A12H/A13H 这 5 口井在关井后未进行柴油压井作业，10 天后复产，这 5 口井一次性开井成功。

三、效果评价

以恩平 23-1 平台为例，2017 年全年恩平 23-1 平台进行台风撤离压井作业三次，每次压井 65m³，每次节约柴油 20m³，总共节约柴油 60m³ 左右，折合标煤 74.3tce。其他设施节能量统计见表 1-2-5。

表 1-2-5 各设施节约柴油量统计

设施	实施日期	能源种类	数量/(t/a)	折合标准煤/(t/a)	节能量/t
恩平 24-2	2016 年	柴油	144	209.8	210
恩平 23-1	2017 年	柴油	51	74.3	74.3
恩平 18-1	2017 年	柴油	36.8	53.6	53.6

恩平海上平台优化压井节省柴油项目一直沿用，项目实施效果良好。

2.2.7 陆丰油田降低避台期间压井作业柴油消耗

一、背景

陆丰油田位于南海东北部海域热带低气压气旋活跃区，年均台风次数可达 8~10 次，油田所产原油属于凝点在 30℃ 以上的石蜡基型原油。为避免油井关停期间井筒内原油结蜡、凝固堵塞油管，需要在每次台风撤离时对油井开展压入柴油作业，以置换井内原油。每次因避台风油井关停后，油田所有油井柴油消耗量在 100m³ 以上，仅柴油压井作业时间就达 5h 之久。由于避台风期间时间紧、任务重，每次避台风期间仅此项作业就占据了大量时间和人力资源。

陆丰油田柴油压井工艺流程如图 1-2-13 所示。

二、改进措施

针对每次压井柴油消耗量大、油田关停时间长的问题，油田对不同油井的凝点进行了分析，建立了压井柴油用量表，指导压井作业。具体实施过程如下：

1. 可行性分析

井筒内温度受地温梯度影响，随着深度递增，并在某一深度的温度与原油凝点相同，将此深度位置定为 L_c，即原油凝固临界深度。陆丰 13-1 平台化验员对柴油与原油进行了混合实验，把柴油与原油分别按照 1∶8、1∶10 比例混合。

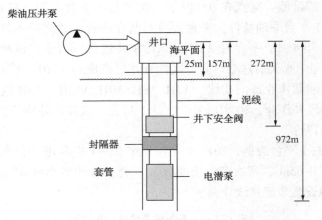

图 1-2-13　陆丰油田柴油压井工艺流程图

混合效果见图 1-2-14。

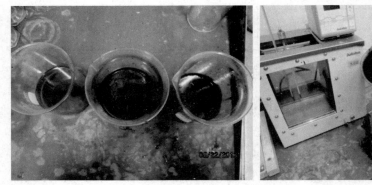

图 1-2-14　柴油与原油混合实验

实验人员对混合后的油品进行降温，温度降至 24℃时(低于原油凝点)，混合油品流动性仍然较好，说明柴油、原油在 L_c 位置混合、扩散后不会凝固，所以将柴油回挤至此深度可以保证井筒内原油不会凝固。L_c 确认及计算：

$$L_c = H - (T_h - T_S)/G_T,$$

式中　　H——油层中部深度，陆丰 13-1 油层中部深度为 2500m；

　　　　T_h——油层中部深度对应的温度，陆丰 13-1 中部对应温度为 117.8℃；

　　　　T_S——原油浊点，℃；

　　　　G_T——地温梯度，陆丰 13-1 对应地温梯度为 0.039℃/m。

陆丰油田现分三个层位开发，分别为 2370、2500、2880 层，不同层位原油的浊点各有不同，通过陆丰油田地温梯度可计算得到凝固临界深度。

2. 确定合理的油井高低含水率临界点

实验人员在陆丰13-2-A7油井进行试井作业时对井温分布进行了跟踪记录。2014年3月，该井含水83%，且试井作业中为减少对测试结果影响未进行柴油压井。为防止井筒内原油凝固，海上现场做好了相应的工作安全分析和防范措施。该油井在关停7天后试井作业中获得井筒实际温度分布。其关停7天后的测试结果见图1-2-15。

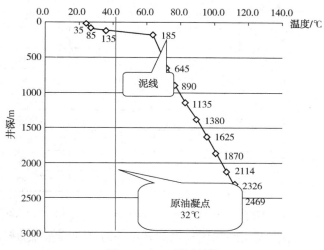

图1-2-15 测试结果

由测试结果可知，油井在泥线(相对于钻台185m，相对于井口157m)以下井温基本呈线性关系。泥线以下受油井地温梯度的影响，温度梯度为2.1℃/100m，且温度均远高于原油凝点，因此泥线以下的原油不会凝固。而在泥线以上井筒温度主要受海水温度(16℃)影响，温度骤然下降，逐渐接近或者低于原油凝点，所以油田将含水率83%作为高、低含水井的分界线。

3. 对高含水井进行分析试验

避台风期间油井关停后井下安全阀关闭，井筒内的流体也将会被井下安全阀(通常为井口柴油以下157m)隔开。因此以井下安全阀为节点将井筒内流体分为两部分：井下安全阀以上井筒，即井口采油树至井下安全阀部分；井下安全阀以下井筒，即井下安全阀至电潜泵入口(均为972m)部分。

由于实测井筒温度显示井下安全阀以下的井筒温度在关停后温度始终高于原油凝点，原油不会凝固，因此只需考虑井下安全阀位置以上井液的流动性。根据井筒温度分布测试结果，井下安全阀以上井筒即井口采油树至井下安全阀之间的井液受海水和环境温度影响，温度逐渐下降，并低于原油凝点。此段井筒内油水将由于密度差而产生重力分异，原油将上浮至井筒顶部形成凝固油柱。此处考虑极端情况，即：原油全部上浮，完全黏附在井筒内。

通过计算克服屈服强度的压力、静液柱的压力、电泵入口压力以及通过电泵特性曲线查找最低频率起泵时对应的电泵压头，得到油井举升压力与启动压力值。含水率高于83%的油井举升压力与启动压力见表1-2-6。

表1-2-6　含水率高于83%的油井举升压力与启动压力

井号	含水率/%	关井压力/MPa	电潜泵入口静压/MPa	启动压力/MPa	举升压头/MPa
A2H	84	0.21	9.73	1.74	2.48
A3H	91.3	0.21	9.73	1.19	2.29
A7H	91.5	1	10.5	1.96	3.05
A8H	94.5	0.2	10.69	0.82	3.16
A9H	92.7	0.15	10.84	0.97	3.36
A10H	92	0.5	10.98	1.4	3.52
A11H	85.2	1.25	10.74	2.92	3.46
A12H	86.1	1.25	10.74	2.82	3.44

由表1-2-6可见，所有含水率高于83%的油井均满足 $P_{举升} > P_{启动}$，因此含水率高于83%的油井不需要用柴油压井也能满足井筒流动性保障的要求。

4. 对低含水井进行分析试验

根据地温梯度理论，由于井筒内温度受地温梯度影响，当油井关停时，井筒温度由于没有流体通过而逐渐降低。若时间无限长，其井筒温度最终会与环境温度一致即与地层温度一致。随着深度递增，并在某一深度其对应温度与原油凝点一致。陆丰13-2油田地温梯度为4℃/100m；油层中部深度2480m（相对海平面）温度为115.4 ℃；陆丰13-2原油凝点为33℃。通过计算可以得知原油凝固临界深度为420m（相对海平面）。

以井下安全阀为节点分为井下安全阀至井口采油树之间和井下安全阀至临界深度之间两部分进行分析。对于井下安全阀至井口采油树之间部分，油田做了多组原油、柴油按比例混合样品，测试其不同温度下的流动性，由实验所得，原油、柴油按照体积比4:1混合后，在环境温度为15℃时流动性非常好。如果将柴油压至泥线处位置，井下安全阀以上原油、柴油混合，混合体积比经计算为1.73:1，远小于4:1。因此井下安全阀至井口采油树之间的柴油与井液的混合物不会凝固，流动性能够得到保障。

对于井下安全阀至临界深度之间部分，假设极端情况下该段原油发生凝固，该段长度 $H=173$m，经计算得到油井举升压力与启动压力值。含水率低于83%的油井举升压力与启动压力见表 1-2-7。

表 1-2-7 含水率低于 83% 的油井举升压力与启动压力

井号	A1H	A4H	A5H	A6H
含水率/%	82. 60	75. 10	51. 10	81. 80
关井压力/MPa	4. 13	2. 25	4. 1	4. 2
电潜泵入口静压/MPa	13. 54	11. 71	13. 51	13. 61
启动压力/MPa	1. 26	1. 55	3. 04	1. 13
举升压头/MPa	11. 37	9. 54	11. 34	11. 44

由表 1-2-7 可见，所有含水率低于 83% 的油井均满足 $P_{举升} > P_{启动}$，因此含水率低于 83% 的油井压井柴油回挤至泥线也能满足井筒流动性保障的要求。

三、效果评价

在 2014 年 7 月威马逊台风和 2014 年 9 月海鸥台风的避台压井作业中，油田按优化后的方案进行压井作业，其柴油消耗量与 2013 年压井作业时消耗量对比见图 1-2-16。

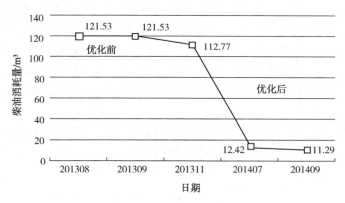

图 1-2-16 改进后柴油消耗量对比

由图 1-2-16 可知，2013 年压井柴油消耗量最少为 112.77m³/次，2014 年压井柴油消耗量最低降至 11.29m³/次，压井柴油量减少 101.48m³/次，减少比例为 89.99%。柴油售价按 7000 元/m³ 计算，扣除投入成本(原油屈服值测试费用为 4000 元，原油组分全分析测试费用为 8000 元，总计 1.2 万元)后，每次避台节约柴油费用约为 230.08 万元。同时，随着压井柴油消耗量减少，减少了海上船舶补给柴油的频次和船舶资源的浪费，也规避了平台柴油补给作业所带来的相关风险。

2.3 经验与总结

柴油、淡水等资源是海上设施生产的重要保障，资源节约及回收利用是降低资源消耗、提升资源利用率的重要节能管理手段。资源节约及回收利用无投资或投资很小，实施过程简单，降低资源消耗明显，所以该项节能管理措施非常值得推广。

深圳分公司已实施的资源节约及回收利用节能管理措施中，全部项目均取得了较好的效果。在节约柴油方面，"番禺 4-2B 平台降低压井柴油消耗优化与应用"项目，年节约柴油 264m³，实现节能量 319tce；"恩平海上平台优化压井节省柴油"项目，年节约柴油 232t，实现节能量 338tce；"陆丰油田降低避台期间压井作业柴油消耗"项目，单次压井柴油量减少 101.48m³，降低比例为 89.99%。回收淡水方面，"高栏终端山泉水回收利用"项目，实施后终端日均用水量由 1057m³ 降低到 679m³，年节水在 3 万 m³ 以上；"西江油田收集空调冷凝水"项目，年节水量为 1440m³；"恩平 23-1/18-1 平台直升机甲板雨水收集"项目，年节水量为 76m³；"恩平油田空调冷凝水收集"项目，两年内节约了淡水 2203t。

资源节约及回收利用一般只涉及柴油及淡水，节约利用的方式也基本相似。对于压井用柴油，一般都是通过减少压井用柴油实现柴油的节约，但减少压井用柴油要结合油田原油特点及环境条件做充分的分析。回收淡水的范围包括山泉水、空调冷凝水、雨水等，只要水量充足，一般对现场只需做很小的改造即可完成回收。

资源节约及回收利用实施简单，实施后效果突出，且对海上设施生产过程无任何影响，所以对该项节能管理措施需要引起重视并大力推广。

3 东部海域三用船节能管理

3.1 措施概况

海上石油开采环境特殊复杂，平台远离陆地，各生产作业设施相对独立，生产和生活所需的补给物资以及平台与平台之间的物资、人员穿梭和相关的守护工作全部依托船舶才能完成。为保障海上生产设施正常安全生产及员工正常生活，需要配备各种类型的工作船为作业和生产设施提供后勤补给。

南海东部海域所属的作业和生产设施数量多、分布区域散，各生产设施的作业进度不一、后勤物资需求不同，对三用船舶资源需求量大，致使船舶对能源的需求也很大，因此，船舶节能工作不容忽视。对于船舶而言，新船舶在建造过程中采用更新的动力技术，因此较老船舶在能耗方面存在优势，但船舶造价昂贵，实际生产中肯定不会因能耗原因对船舶进行更换，因此，对船舶的节能管理就显得尤为重要。

船舶调度对船舶节能是非常重要的举措，例如通过强化船舶资源共享、编排合理的航次计划等降低船舶的航次；船舶的航速对船舶的油耗至关重要，船舶主机消耗的有效功率与航速的立方成正比，而油耗与主机功率成正比，因此通过调度预留出充足时间使船舶处于经济航速可以大幅降低船舶油耗。实践证明，加强船舶节能管理对降低船舶油耗可起到非常积极的作用，深圳分公司协调部及各作业公司在船舶节能管理方面也做了大量的工作，产生了非常好的效果。

3.2 措施应用情况

3.2.1 番禺油田船舶管理细化

一、背景

番禺油田由 5 个平台设施和 1 个 FPSO 油轮组成，远离陆地，生产作业设施相对独立，生产和生活所需的补给物资以及平台与平台之间的物资、人员穿梭和相关的守护工作全部依托船舶才能完成。因此，船舶在整个海上生活生产中是必不可少的。番禺油田始终把节能增效视作公司降低生产成本、提高经济效益的一项紧迫而长期的任务，而船舶租赁费用和柴油消耗量占油田生产成本比重比较大，因而加强船舶管理就显得尤为重要。

二、细化船舶管理措施

为降低船舶租赁费用和柴油消耗量，油田逐步对船舶加强管理，具体做法如下：

（1）公司管理层决定由原来固定租赁 4 条船舶作业的方式改为固定租赁 3 条和灵活起租 1 条船舶作业的方式。

为了更好保障海上作业的顺畅，之前公司租赁了 4 条船舶为整个油田服务。但因海上作业量时时发生变化，有时会出现部分船舶处于海上或者陆地待命。从2017 年开始，公司在能保证海上作业顺畅的情况下，决定变更租赁方式。2017年比 2016 年全年租赁船舶天数减少 135 天。

（2）库房做好出船计划和卸货路径建议，提高船舶装载率，同时根据不同作业的需求，做好不同船舶起租工作。

由于船舶租赁天数减少了，就意味着库房出船次数的减少。只有做好周密的计划，提高船舶的装载率，才能保证海上作业的顺畅。同时要根据卸货路径来决定装载货物的位置，争取船能按路线一路卸货，避免来回穿梭，增加航程，增大油耗。另外，及时与海上沟通，需要才起租大马力船舶(如提油作业)，平时正常作业，只租用小马力船舶。

（3）鼓励催促船方合理选择用船，执行分段管理油耗定制菜单。

经济航速是船舶最重要的节能措施和手段，可以实现既不耽误生产作业，又能达到最佳的节油效果。为了更好节能增效，油田鼓励催促船舶方要根据不同的装载工况和不同的工作条件合理选择用船，执行分段管理油耗定制菜单，这样可以很大程度减少船舶的日常耗油量。

（4）海上合理调配船舶作业，无特殊作业时要求船舶系浮筒待命。

海上合理安排装回物资和减少平台之间穿梭，无特殊作业时要求船舶系浮筒待命，尽量避免船舶增加不必要的航程，减少油耗。

（5）进行柴油加油量跟踪工作，记录和分析船的日耗油动态。

每月库房做好柴油加油跟踪量，平台与油轮做好船舶日耗油的登记及船舶动态跟踪。这样便于分析船舶耗油量的变化，可以及时鼓励催促船方执行节能的相关规定。

三、节能效果评价

加强船舶管理节能效果非常明显，对比 2016 年与 2017 年的加油数据，整个油田加油量从 8930t 降为 8120t。即使在 2018 年油轮进坞维修期间，海上平台无法通过原油发电供电，需要通过柴油发电来维持日常所需，全年加油量仅为 8320t，其中包含大修工程用油。根据生产分摊数据，2016 年船舶柴油消耗量为 6965t，2017 年船舶柴油消耗量为 6110t，2018 年船舶柴油消耗量为 5874t。与 2016 年相比，2017 年和 2018 年共减少船舶柴油消耗量 1946t，平均年节能量为 1419tce。

同时，船舶管理细化实施前，海上作业较少的时候，存在可能多出一条船舶在海上或者陆地待命。实施后减少了船舶租赁时间，每年能减少柴油消耗 946.5t，节能量为 1380tce。

目前，公司一直严格落实船舶细化管理，船舶节能效果明显。

3.2.2　后勤船舶精细化管理

一、背景

中国海油南海东部石油管理局负责南海东部海域的石油上游开发，涉及勘探、开发、生产、工程等各种作业。南海东部海域环境具有以下特点：①远离岸基，距惠州码头直线距离 90～160 海里；②地处热带，温度高，湿度大，干湿季节明显，季风盛行，属于热带海洋季风气候；③水深变化大，水深范围为 70～400m；④涌浪大，涌浪基本受制于风场；⑤海流急，典型的季风漂流特性，个别作业区还受到内波流(黑流)的影响；⑥台风多发，每年 5～11 月是台风季节，影响该海域的热带气旋主要集中在 7～9 月，热带气旋是影响油田的主要灾害性天气，包括来自西太平洋和南海海域生成的热带气旋。由于海上石油开采环境特殊复杂，为了满足勘探、开发、生产等各种作业的需要，公司配备了各种类型的三用工作船为作业和生产设施提供后勤补给和保障。南海东部海域所属的作业和生产设施数量多、分布区域散，各生产设施的作业进度不一、后勤物资需求不同，对三用船舶资源需求量大。

三用工作船作为海上生产作业的后勤保障，可以提供运输、守护、工程作业等功能，具有马力大、机动性高、安全可靠、灵活靠泊等优点，也存在功能不一、甲板面积小、油耗高等缺陷。在整体后勤船舶资源配置和使用过程中，需要根据实际作业需求进行合理配置、统筹安排、航次共享，并根据各项作业进度进行浮动用船调整。

通过对南海东部石油管理局整体生产板块、作业特点、船舶资源使用的分析，在实施三用工作船精细化管理前，船舶资源管理在降本增效方面主要存在以下不足：

（1）船舶资源未达到最大化的利用、共享率低，船舶出航满载率不高；

（2）对船舶航行阶段的管控力度不够，造成船舶以较高航速、较大能耗抵达作业区现场以后仍需较长时间待命；

（3）对船舶柴油消耗监控不到位，船舶在油耗控制、柴油加装、柴油供应方面缺少规范管理，不仅容易造成柴油数量上的计量误差，也不利于整体节能管理。

整体上造成三用船舶资源需求量大，柴油消耗高，船舶整体运营成本居高不下。

二、改进措施

针对以上情况，根据集团公司的提质增效要求，深圳分公司协调部在船舶管理方面经过不断实践及总结经验，逐步完善和细化管理方法，制定了完善的船舶管理体系，配备预算、费控、调度、码头库房等专业人员专职管理。提升船舶精细化管理主要手段如下：

（1）强化船舶资源共享，提高资源利用率，降低运营成本。

在制定年度船舶资源配置预算时，首先，分析各个油田的作业情况，针对单一油田内的所有平台共享守护、共享出航计划，从而使单一油田船舶配置数量需求降低；其次，综合考虑各个油田之间的合理共享，通过历年共享数据分析，再次降低整体船舶资源需求量。

在日常船舶安排时，根据各作业区的作业进度所需的物资运输需求，综合考虑平台物资需求、船期、航行距离、时间等因素，尽量实现可能的船舶航次共享。例如，流花、恩平、白云、陆丰、西江作业区共用 ROV 和潜水支持船，进行水下维修工程检测作业；南海胜利特检作业期间的守护船舶共享。

为了进一步优化船舶资源利用率，2017 年以来协调部采取了固定与临时用船相结合的模式。即根据年度作业计划，确定最少的固定用船类型和数量，并配置一定数量的临时用船，分别签订固定用船和临时用船合同。固定用船，为长期租赁使用船舶，原则上不予更换；临时用船，根据实际需求可随意起停租船舶。这一模式实现了船舶资源配置与作业实际需求同步匹配，优化节约船舶配置，大幅降低了作业成本、节约能源消耗；更能有效应对作业突发事件和紧急情况。

2011~2018 年船舶整体运营共享航次统计见表 1-3-1。

表 1-3-1　2011~2018 年船舶整体运营共享航次统计

年份	共享航次
2011	206
2012	228
2013	308
2014	432
2015	347
2016	278
2017	268
2018	276

（2）编排合理的航次计划，监督码头及平台装卸货情况，保证船期。

在每日的航行安排中，充分考虑码头作业、船舶航行、平台装卸的时效性，编排合理的航次计划，并全程监控各方是否按照航次计划执行。监控过程包括船舶装完货物离开码头汇报、船舶离开平台的情况汇报、延误开航的情况了解、推迟返航的信息反馈，既保证航次计划高执行率，又可以及时解决突发情况或者微调计划，尽量不影响后续船舶需求的安排。

（3）要求船舶在不紧急开航和返航时，采取经济航速航行。

船舶运行时柴油消耗理论计算方法：

船舶前进时克服航行阻力所需的有效功率计算公式：$P_E = R \times v = A_R \times v^3$

主机耗油量计算公式：$G = P_e \times g_e \times 10^{-3}$

式中　　P_E——船舶克服阻力所需的有效功率；

　　　　v——航速；

　　　　R——船体阻力，约与航速 v 的平方成正比；

　　　　A_R——阻力系数；

　　　　P_e——船舶有效功率；

　　　　G——主机燃油耗量；

　　　　g_e——耗油率。

可以看出，船舶主机消耗的有效功率与航速的立方成正比，而油耗与主机功率成正比，因此减速航行可以大幅降低船舶油耗。综合考虑到生产需求、气象条件的情况，根据不同船舶主机的功率特性，获得船舶的经济航速，根据经济航速以及岸基与设施之间的距离安排船舶开航时间，既可以使船舶以较低的油耗航行至油田，又可减少船舶待命时间，降低待命油耗。对于油耗较大的船舶，要求船东改善设备的工况，从源头上降低油耗。

为了方便船舶精细化管理，协调部采用电子海图，对船舶位置、船舶动态进行精确掌握，从而为设置经济航速、减少燃油消耗奠定了基础。电子海图的使用还可直观地反映船舶的位置，也保留了船舶航行记录。

（4）严格执行船舶油耗的监控，制度与抽查并重。

深圳分公司协调部先后制定了《船舶安全作业管理规定》《船舶使用管理规定》《海上供油管理规定》，加强了船舶油耗的监控，对降低油耗管控起到作用。《船舶安全管理规定》明确了协调部随时对在港船舶进行存油的抽查，规定了抽查的频次，统一了船舶存油的计算方式；《船舶使用管理规定》明确了船舶启停租时与船东对船舶存油的费用分摊；《海上供油管理规定》则明确了三用船对海上供油的误差范围。设置船舶量油误差标准±2%，量油误差超过±2%的，船方要以书面报告形式解释说明，深圳分公司协调部根据实际调查情况做出处理决定；

量油误差超过±2t、不超过±2%的,船方按实际量油数据修正柴油存量;量油误差不超过±2t的,不修正柴油存量。限定燃油存量的误差范围,促进船方燃油的精细化管理;通过抽查的结果,可掌握船方燃油管理情况、燃油消耗情况,增强船舶节能效果。2014年8月至2015年7月船舶量油记录见表1-3-2。

表1-3-2 "海洋石油607"船舶存油记录(摘选)

序号	船名	测量时间	测量值/t	存量上报时间	ROB/t	差额值	备注
1	海洋石油607	2014-8-28 12:00	220.5	2014-8-28 12:00	219.2	-1.3	未修正,按219.2t算
2	海洋石油607	2014-10-15 10:30	30.3	2014-10-15 10:30	30.3	0	未修正,起租按实际量油算
3	海洋石油607	2014-11-25 13:00	297.8	2014-11-25 13:00	296.1	-1.7	未修正,按296.1t算
4	海洋石油607	2015-3-23 14:00	261.6	2015-3-23 14:00	259.9	-1.7	未修正,按259.9t算
5	海洋石油607	2015-4-21 13:00	291.2	2015-4-21 13:00	291.9	0.7	未修正,按291.9t算
6	海洋石油607	2015-6-17 13:00	321.4	2015-6-17 13:00	320.5	-0.9	未修正,按320.5t算
7	海洋石油607	2015-7-10 14:00	313.7	2015-7-10 14:00	313.5	-0.19	未修正,按313.5t算

(5)收集各船每月运营报表,统一归档,分类提取,为分摊、管理、费控提供数据支持。

船舶日常运营数据收集与统计包括:日常船舶安排计划表、船舶出航航次情况及分析、船舶靠泊平台统计、勘探平台拖航情况汇总、提油次数统计、船舶安全事故及损失调查汇总、船舶码头运行状况汇总、安全隐患报告收集、开展安全培训工作、吊索具检验工作、船舶坞修统计、费用分摊控制等。

船舶油料管理数据收集与统计包括:船舶油料统计分析、起停租油水测量、不定期测量船舶油水、共享和系泊浮筒节油统计、海上油田设施加油对账单。

三、效果评价

(1)共享节油效果明显。

以2017年为例,2017年通过船舶共享、以及固定用船与临时用船搭配的方式节油986t,折合标准煤1436.70tce,以2017年柴油0.5683万元/t计,节约成本约560万元。

自2011年至2018年船舶共享节油达7733t,折合标准煤11267.77tce,具体见表1-3-3。

表 1-3-3　　2011~2018 年船舶共享节油

年份	节油/t	折合标准煤/tce
2011	467	680.47
2012	588	856.77
2013	1000	1457.10
2014	1490	2171.08
2015	1224	1783.49
2016	960	1398.82
2017	986	1436.70
2018	1018	1483.34
合计	7733	11267.77

经过这几年精细化管理的实践，共享船舶已逐渐趋于合理的水平，成为一个成熟有效的措施。

（2）强化了船舶运营的管控。

由于分公司三用船舶数量较多、功能类型不一，各条船舶的技术状况也存在很大的差异，服务海区的各个油田的气候条件、工作量也大不相同。在船舶运营过程中，通过全程跟踪及船舶运行汇报，基本上达到船舶航次计划执行率 90% 以上的要求。对三用船舶航速、船位的监测是三用船精细化管理的标志，也是节能管理的基础。

（3）完善了柴油消耗的监控体系。

设置船舶量油误差标准，是深圳分公司协调部在原有管理模式基础上的一次提升，通过查找管理中存在的问题，提出解决方法和完善管理制度。在执行过程中，严格依据误差标准进行，加强宣传节能管理的重要性，对超出误差标准的船舶，按照规定处理并形成文档记录，作为节能管理考核的依据。经统计误差超标率：2014 年 15.6%，2015 年 23.6%，2016 年 5.5%，2017 年 6%，2018 年 5%。除了天气原因影响导致仍然有个别误差超标之外，整体船舶量油误差超标率维持较低水平，强化燃油管理在各船舶已经形成一种普遍的节能意识，节能管理效果较好。

3.2.3　海上系泊浮筒的使用

一、背景

根据海上平台生产勘探作业项目特点以及海油关于保障海上平台作业安全的相关管理规定，三用工作船除担任运输、工程作业外，还需在 5 海里范围内全天候值守平台，以应对临时需求、消防救助、警戒干扰等紧急情况。因此，三用工作船抵达平台后除正常的运输、工程作业外，大部分时间（特别是夜间）处于待命守护状态。在这种状态下，由于水深的限制和平台守护距离的要求，三用工作船要寻找合适的抛锚地点比较困难，因此三用工作船在待命守护期间基本以 30%～50% 的功率在设施周围低速巡航。

由于现有三用工作船机动灵活性高，可做到及时响应海上平台的临时需求或应急情况；且三用工作船的通信雷达设备较为齐全、可靠，在规定的范围内均可完成值守警戒的任务。因此寻找一个合适的抛锚地点或者系泊点，用于三用工作船在待命守护期间的停车系泊守护，是尤为必要的。这样不仅可节省三用工作船的柴油消耗，也可以减少船员、船舶设备的疲劳作业。

二、改进措施

经过调研，南海东部海域平台所在水域普遍水深大于 70m 以上，最大水深达 400m 左右，均不满足三用工作船就近抛锚待命守护平台的要求。因此深圳分公司协调部根据三用工作船系泊拉力大小、海域水文环境、抗风等级等需求，设计并安装适用的海上系泊浮筒，用于三用工作船海上待命期间的停车系泊守护。

浮筒的构造主要由两个 5t 的水泥重块、6-14 节的卧底锚链、70～380m 的连接钢丝绳、3m×3m 的圆柱浮筒、系泊缆绳及引缆等组成。在设计上，根据相应的海域水深、水流情况，配备相应的卧底锚链和连接钢丝绳，用于保证系泊浮筒的稳定性和可操作性。系泊浮筒经过专业机构设计图纸并通过审核，制作检验合格后，在南海东部海域所有需要全天候值守的平台点附近选取合适位置进行浮筒抛设。

深圳分公司先后分别在西江 23-1、西江 24-3、惠州 25-8、陆丰 13-1、陆丰 13-2、流花 11-1、番禺 34-1、荔湾 3-1、恩平 24-2、恩平 23-1、流花 16-2 配置了系泊浮筒。三用工作船可以在作业之外的待命守护期间，选择系泊浮筒缆绳，并停止主机运行，减少油耗，如图 1-3-1 所示。同时提倡船舶在守护期间，尽量系泊浮筒，积极践行分公司的节能减排理念，并将系泊浮筒的节油效果作为船舶考核指标之一。

图 1-3-1　三用工作船系泊浮筒守护待命图

深圳分公司十分重视系泊浮筒的运行使用，在《三用工作船系泊浮筒管理和待命作业试行规定》、《船舶安全管理规定》等制度中，均对三用船挂靠浮筒的气象海况条件、安全注意事项、何时放弃挂靠浮筒等具体程序做出明确规定。同时专门组织第三方安全评估机构、船东、三用船资深船长对海上系泊浮筒过程进行了风险评估，制定了风险防范措施。并定期进行浮筒维保，更换老旧配件。

船舶系泊浮筒作业风险评估表如表 1-3-4 所示。

表 1-3-4　船舶系泊浮筒作业风险评估表

TRA 参考号 . # :	地点			部门(执行作业)					设施/位置：		
作业描述：					参照编号：#(如 . 工作许可证号和/或隔离证号)：							
作业步骤	确认的危害及潜在的影响	风险评估*			控制措施(包括现有的和建议的)	负责人	残余风险*			残余风险是/否 ALARP*？	
		S	P	R			S	P	R		
接近操纵	1. 视距不足或亮度不够，造成找不到缆绳或导致缠绕缆绳。	高	中	高	当视线不好时，放弃系浮筒作业。	船长	无	无	无	是	
					甲板照明亮度足够，能看清缆绳方向才开始作业。	船长	中	低	低	是	
	2. 风浪大时，可能拉断浮筒缆绳。	高	中	高	风力超过六级或船长认为海况不允许时，放弃系泊浮筒。	船长	无	无	无	是	
	3. 船舶行驶操作余速控制不好时，浮筒缆绳缠绕推进器。	高	低	中	以合适的船速接近浮筒，建议船速不超过0.8 节。	船长	中	低	低	是	
	4 风、流不一致时，缆绳与螺旋桨/舵缠绕。(流花区域多发)	高	高	高	(1)首先判断风、流的方向，只有判明两者的方向后才开始作业。(2)根据风、流的方向，验证在此风、流作用下的船舶操纵状况，合理使用车、舵。	船长	中	低	中	是	
	5. 风、流不一致时，缆绳缠绕在浮筒钢丝绳上。	中	高	中	清理好缆绳后再进行系泊作业。	船长	低	中	低	是	

TRA 参考号 . #：	地点				部门(执行作业)					设施/位置：
作业描述：					参照编号：#(如．工作许可证号和/或隔离证号)：					

作业步骤	确认的危害及潜在的影响	风险评估*			控制措施(包括现有的和建议的)	负责人	残余风险*			残余风险是/否 ALARP*？
		S	P	R			S	P	R	
打捞漂浮缆	6. 人员站位或作业方式不当造成人落水，特别是全回转港作拖轮，由于舷墙低易造成人员落水。	高	低	中	(1) 人员站位不要太接近船边，穿好救生衣。(2) 船未停稳时，不要急于捞缆。(3) 甲板上浪时，及时提醒，注意避浪。(4) 捞缆持钩人员合理站位、握钩，防止钩带人落水。(5) 现场配备救生圈。	大副或值班驾驶员、水手长及水手	中	低	低	是
	7. 引缆断裂伤人	中	中	中	(1) 检查引缆的状况，状况不好时先及时清理。(2) 视引缆吃力情况适当调整收绞速度。(3) 合理站位，避开反弹区。(4) 与驾驶台保持联系，避免缆绳突然吃力。	大副或值班驾驶员、水手长及水手	低	低	低	是
缆绳上桩	8. 缆绳或浮筒状况不好，导致断缆；或缆绳突然吃力崩断	高	中	高	(1) 作业前围绕浮筒一周，检查缆绳、浮筒的状况良好以后才开始作业。(2) 如发现浮筒或缆绳有缺陷，应及时报告海上设施值班人员或协调部，等待进一步指示。	船长	中	低	低	是
					与驾驶台保持联系，避免缆绳突然吃力。	大副或值班驾驶员、水手长及水手	中	低	低	是
系泊待命	9. 因缆绳长度变化，导致船舶碰浮筒或崩断缆绳	高	低	中	(1)缆绳上桩后，需适当调整船舶与浮筒的距离后再完车。(2) 待命期间要求驾驶台与机舱人员正常值班。	船长	中	低	低	是

TRA 参考号 .#:	地点		部门(执行作业)			设施/位置:		
作业描述:			参照编号: #(如. 工作许可证号和/或隔离证号):					

作业步骤	确认的危害及潜在的影响	风险评估*			控制措施(包括现有的和建议的)	负责人	残余风险*			残余风险是/否 ALARP*?
		S	P	R			S	P	R	
解缆	10. 缆绳突然吃力崩断	高	低	中	(1)缆绳吃力时,人员禁止接近缆绳。(2)解缆时与驾驶台保持联系,避免缆绳吃力。	大副或值班驾驶员、水手长及水手	中	低	低	是
	11. 缆绳入海时将人带到摔伤	高	低	中	(1)解缆前将引缆理顺。(2)解缆后人员迅速撤离。	大副或值班驾驶员、水手长及水手	中	低	低	是
	12. 缆绳缠螺旋桨	高	低	中	缆绳入海后,及时并连续向驾驶台报告缆绳方位、距离,以便驾驶台合理用车、用舵。	大副或值班驾驶员、水手长及水手	中	低	低	是
驶离	用车、用舵不合理造成缆绳缠线	高	低	中	(1)在驾驶台看不到整个漂浮缆的情况下不要盲目用车、用舵。(2)在掌握了漂浮缆的所有信息后,才开始用车,用车时间要短,负荷不宜大,慢速驶离。	船长	中	低	低	是
应急										

评估人/职位:中海油深圳分公司协调部		评估日期:2013 年 12 月 12 日
批准人:	批准日期:	备注:S-严重度;P-可能性;R-风险等级;*-对于常规作业是可选的

三、效果评价

系泊浮筒使用以来取得了非常好的节能效果。在单船节油效果方面,以"海上石油 684"运营系泊浮筒的情况为例,该船四台主机,总功率 15884 马力,主机年平均运转油耗 1.346t/h,考虑扣除在系泊浮筒期间使用发电机的油耗,可以计算出系泊浮筒的节油数据为平均 1.655t/d,该船年平均使用系泊浮筒共 55.57 天,全年因系泊浮筒节油约 92t。

自 2011 年至 2018 年期间，所有为深圳分公司服务的三用工作船通过系泊浮筒共计节油 14123t，折合标准煤 20578.6tce。具体数据如表 1-3-5 所示。

表 1-3-5　2011~2018 年船舶系泊浮筒节油统计表

年份	节油/t	折合标准煤/tce
2011	1561	2274.53
2012	1495	2178.36
2013	1883	2743.72
2014	1650	2404.22
2015	1528	2226.45
2016	2036	2966.66
2017	1943	2831.15
2018	2027	2953.54
合计	14123	20578.62

三用工作船系泊浮筒措施目前运行状况良好，基本杜绝了前期出现的三用工作船在挂靠浮筒过程中因海况及操作原因使得浮筒系泊缆绳缠绕三用船螺旋桨、撞击浮筒等问题，避免了因浮筒、系泊缆绳、船舶的损坏而导致影响海上作业效率问题的发生。同时定期安排系泊浮筒返回陆地进行维保和更换老旧配件，保证了浮筒的使用安全和可持续性。

3.3　经验与总结

船舶节能管理工作仅对海上三用工作船适用，海上在勘探及生产过程中对三用工作船资源需求量较大，因此对能源的需求量也很大，降低船舶能源消耗对降低船舶运营成本可起到非常积极的作用，而船舶的节能管理是降低船舶能源消耗的重要手段。

深圳分公司已实施的三用船节能管理措施中，取得了非常好的节能效果。"番禺油田船舶管理细化"项目，年可产生节能量 2799tce，节能效果非常明显；"后勤船舶精细化管理"项目，通过强化管理，自 2011 年开始柴油用量持续减少，至 2018 年共实现节能量 11268tce；"海上系泊浮筒的使用"项目，通过系泊浮筒的使用，自 2011 年开始柴油用量持续减少，至 2018 年共实现节能量 20579tce。

鉴于三用工作船节能管理措施效果非常明显，且深圳分公司在船舶节能管理方面积累了非常丰富的经验，因此，可通过继续强化船舶资源共享、编排合理的航次计划、控制船舶经济航速等管理手段，继续加强船舶管理，进一步降低三用船舶的能源消耗。

第二篇
节能改造措施汇编

1　放空气回收

2　余热回收

3　设备改造

4　生产工艺优化

1　放空气回收

1.1　措施概况

放空气大量放空的情况在海上油气田普遍存在，造成天然气放空的原因较多，总结来看主要有以下几种：(1)放空气量小，开展回收工作在技术上受到很大的限制。(2)经济性较差，由于海上生产条件的特殊性，设施投资很高，因此投资回收期长。(3)气体含硫量较高，不符合设备的燃烧条件。随着国家节能环保形势越来越严峻，海上油气田在放空气回收方面做了大量的工作，不断突破技术及生产条件限制，放空气回收问题正在逐步得到解决，大量放空气实现了就地使用及外输，就地使用针对生产设施进行小幅调整并直接将放空气用作燃料即可，在生产设施不具备调整的情况下也可通过增上小型燃气装置的方式实现回收。外输则考虑通过原输气管道或油气混输的方式输送到陆地集中处理，投资低、风险小。

同时放空气回收专有技术也在不断地发展，越来越多的放空气回收技术在国内外油气田得到了应用。目前较成熟的放空气回收专有技术有以下几种：

伴生气回注：是指将伴生气通过进行除液、增压后用作气举气(保证生产)和注气(维持油藏压力)等使用。伴生气回注属于成熟技术，其必要前提是要有大量且稳定的气源，同时向油藏回注的伴生气压力较高，因此回注必须增设压缩系统，而且压缩能耗较高，所以天然气回注的成本也较大，其主要关键设备是注气高压压缩机、注气涤气罐、注气调储罐等。

天然气凝液回收技术：是指将天然气中相对甲烷或乙烷更重的组分以液态形式回收的过程。回收天然气中的轻烃有两个主要目的，一是控制天然气中烃露点以达到商品天然气质量指标，防止管路中气液两相流的出现；二是从天然气中回收下来的轻烃可作为燃料和化工原料，带来更大的经济效益和社会效益。

液化天然气浮式生产储卸装置：可看作一座浮动的 LNG 生产接收终端，直接系泊于油气田上方进行作业，不需要先期进行海底输气管道、LNG 工厂和码头的建设，集液化天然气的生产、储存与卸载于一身，当开采的油气田枯竭后，可由拖船拖曳至新的油气田投入生产。LNG-FPSO 装置简化了边际气田的开发过程，降低了气田的开发成本。并且该装置便于迁移，可重复使用，是开发海上边际气田及回收海上油田伴生气的有效工具。

小型天然气液化装置：对于储量较少的零散气田和开采成本较高的边际气田，由于长距离的管道运输成本较高，生产规模不经济，同时这些气田的天然气量又不满足大中型天然气液化装置的液化规模。小型液化装置投资低，同时其尺寸小型化、装置撬装化、便于安装，移动灵活，适合于零散气田和边远气田应用。通过小型液化装置将零散气田和边远气田天然气转化为 LNG，并通过 LNG 运输进入终端市场，进而开发利用零散气田和边远气田天然气。

压缩天然气技术：即 Compressed Natural Gas（简称 CNG），是目前车用天然气燃料的主要储存方式。所谓压缩天然气技术，就是利用气体的可压缩性，将常规天然气以高压进行储存。一般压缩后的气体缩小了 150 倍至 250 倍。伴生气 CNG 产品由于产品压力大，容器尺寸大，重量重，从原料气到 CNG 产品的压缩比 LNG 小，所以适合中短距离中小气量的天然气运输。其基本的技术路线是将天然气在平台或 FPSO 上压缩之后，通过船舶运到陆上终端，整个过程主要包括天然气净化、压缩、储存、装船运输等环节。

吸附储存天然气技术（ANG）：ANG 是在储罐中装入高比表面的天然气专用吸附剂，利用其巨大的比表面积和丰富的微孔结构，在常温、中压力（3~5MPa）下使 ANG 达到与 CNG 相接近的存储容量的储运技术。

放空气回收技术不断发展，越来越多的新技术实现突破，但相对以上专用技术，就地使用及外输仍然是放空气的最佳回收方式，投资及风险均相对较低。具体采用何种方式进行放空气回收需根据实际条件进行分析、判断，选择合理的回收方式，实现回收量最大化、风险最低化。

1.2　措施应用情况

1.2.1　珠海终端低压燃料气回收装置

一、背景

由于流花 19-5 气田开发规划依托珠海终端及码头工程设施，所产天然气及凝析油将进入珠海终端进行处理，造成珠海终端天然气处理规模由原设计的 $16 \times 10^8 m^3/a$ 增加到 $20 \times 10^8 m^3/a$。根据珠海终端实际运行情况对已建天然气处理装置 $16 \times 10^8 m^3/a$ 能力进行核算，核算分析后发现，已建天然气处理装置除天然气制冷单元和天然气外输增压单元不能满足扩建后的处理要求外，其他单元均能满足处理规模为 $20 \times 10^8 m^3/a$ 的处理要求，所以 2010 年对终端进行了改扩建工程，新增 1 套处理规模为 $4 \times 10^8 m^3/a$ 的天然气制冷系统，并且同时运行 2 台干气增压机，不设置备用机组。扩建后的珠海终端天然气处理规模达到 $20 \times 10^8 \, \mathrm{m^3/a}$。由于制冷 C 单元的投用，制冷 C 单元的膨胀机密封气接入的是低压燃料气系统，所以低压燃料气的量增加。

同时珠海终端凝析油稳定单元在不同的年份有两种流程。2010～2013 年从闪蒸分离器分出的凝液进入凝析油脱乙烷塔，从凝析油脱乙烷塔分出的气相去做燃料气，液相经换热后进入凝析油稳定塔，塔顶气相经冷凝提压后，一部分作为凝析油稳定塔的回流液，另一部分进入天然气分馏单元脱丙烷塔。2014 年及以后年份由于只有番禺 30-1 和流花 19-5 气田来气，气组分较贫，闪蒸分离器凝液经换热后进入凝析油稳定塔，塔顶气相经冷凝提压后全部作为凝析油稳定塔的回流液，不凝气去做燃料气。凝析油脱乙烷塔顶来气（2010～2013 年）或凝析油稳定塔顶不凝气（2014 年及以后年份）全部进入低压燃料气系统分配给热媒加热炉、火炬点火盘及食堂等用户使用。当来气量小于下游低压用户的用气量时，一部分高压燃料气经调压后进入低压燃料气系统，以满足低压用户用气量的要求。当来气量大于下游低压用户的用气量时，富余气体进放空火炬，保障系统的安全。

2009 年珠海终端新增一套余热回收装置，这样终端内导热油主要利用余热回收装置提供热源，使得下游用户需求的低压燃料气量减少，凝析油稳定装置所产不凝气只能通过放空火炬单元放空处理，由于该气体中 C_3^+ 含量高，造成周围环境的污染及资源浪费。随着油气田持续开发和国内能源形势日趋紧张，对富余的低压燃料气回收再利用，有助于提高天然气处理装置的运行效率、提高装置的 C_3 收率和经济效益、减少资源浪费。

二、改进措施

依托珠海终端已建设施，回收全部富余低压燃料气，设计新增 1 套处理规模为 $3 \times 10^4 \, \mathrm{m^3/d}$ 的燃料气回收装置，包括新增 2 台往复式压缩机（同时运行）及相关辅助设施，单台压缩机的排量为 $1.5 \times 10^4 \, \mathrm{m^3/d}$，将低压燃料气增压后接入生产分离器随进站天然气一同进入珠海终端处理单元，生产干气、稳定凝析油、丙烷、丁烷及稳定轻烃，液态产品进入现有装置储罐，干气产品增压外输。项目共投资 728.52 万元，回收装置于 2013 年正式开始运行。

具体实施步骤为：

1. 装置规模确定

根据各年的凝析油稳定装置低压天然气气量（如表 2-1-1 所示），2011～2020 年进入低压燃料气系统的天然气气量为 2000～8500m³/d，考虑装置气量存在一定的波动，确定装置的设计规模为 3 万 m³/d，设置两台单机排量为 1.5 万 m³/d 的压缩机组，同时运行。

表 2-1-1　凝析油稳定装置低压天然气气量

年份	2011	2012	2013	2014	2015
气量/m³	6157	6538	6180	8306	8058
年份	2016	2017	2018	2019	2020
气量/m³	6710	5134	3429	3476	2066

2. 技术方案比选、确认流程改造

(1) 低压燃料气装置增加前，自凝析油单元的脱乙烷塔顶气、制冷 C 套密封气直接进入低压燃料气罐，当低压燃料气罐压力超过 0.45MPa 时将通过 PV-3108/2 进行放空。项目实施前燃料气流程简图如图 2-1-1 所示。

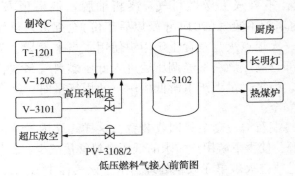

低压燃料气接入前简图

图 2-1-1　项目实施前燃料气流程简图

(2) 低压燃料气回收装置压缩端出口可有两个去向：

① 低压燃料气压缩机增压至 3.0MPa 后接入干气增压机前冷器 (AC-2101) 出口，与闪蒸分离器来气和重接触塔顶气一同进干气外输增压单元直接外输。

② 低压燃料气经压缩机增压至 7.0MPa 后接入已建生产分离器与海上来天然气一同处理，生产干气、稳定凝析油、丙烷、丁烷及稳定轻烃，液态产品进入现有装置储罐，干气产品增压外输。

根据以上两种不同的去向确定了两种低压燃料气的回收方案。通过模拟计算，进行了两种方案的优化比较。

方案一：增压至 3.0MPa 进外输增压单元。自凝析油稳定装置来低压燃料气经节流降压至 0.5MPa 后进压缩机入口分离器 (V-3103)，分出的液相进入闭式排放罐，分出的气相进低压气压缩机 (C-3101A/B) 增压至 3.0MPa 后进压缩机后空冷器 (E-3101A/B) 冷却至 45℃，然后接入干气增压机前冷器 (AC-2101) 出口，与闪蒸分离器来气和重接触塔顶气一同进干气增压机 (C-2102A/B) 增压至 7.0MPa，由干气增压机出口冷却器 (AC-2103A/B) 冷却至 50℃ 后外输。

方案二：增压至 7.0MPa 进生产分离器。低压燃料气经节流降压至 0.5MPa 后进压缩机入口分离器 (V-3103)，分出的液相进入闭式排放罐；分出的气相进低压气压缩机(C-3101A/B)增压至 7.0MPa 后进压缩机后空冷器(E-3101A/B)冷却至 45℃，然后接入生产分离器(V-1104)随海上来天然气一同进入珠海终端处理单元，生产干气、稳定凝析油、丙烷、丁烷及稳定轻烃，液态产品进入现有装置储罐，干气产品增压外输。

根据工艺模拟计算结果，以上两种方案经济技术指标见表 2-1-2。

表 2-1-2　低压燃料回收方案经济技术指标对比

项目	年份	压缩机入口压力/MPa（A）	压缩机出口压力/MPa（A）	凝析油稳定装置不凝气量/（m³/d）	压缩机轴功率/kW	天然气增加产量/（m³/d）	丙烷增加产量/（t/d）	丁烷增加产量/（t/d）	稳定轻烃增加产量/（t/d）	电耗量/（10⁴kW·h/a）	工程投资/万元	年产品收入/万元	财务净现值/万元
方案一增压外输	2011	0.5	3.2	6157	19	6157	—	—	—	24.94	635	355.59	1,113.39
	2012	0.5	3.2	6538	20	6538	—	—	—	25.87		377.55	
	2013	0.5	3.2	6180	19	6180	—	—	—	25.02		356.92	
	2014	0.5	3.2	8306	24	8306	—	—	—	29.63		479.67	
	2015	0.5	3.2	8058	24	8058	—	—	—	29.02		465.36	
	2016	0.5	3.2	6710	20	6710	—	—	—	25.72		387.53	
	2017	0.5	3.2	5134	15	5134	—	—	—	21.87		296.52	
	2018	0.5	3.2	3429	10	3429	—	—	—	17.71		198.02	
	2019	0.5	3.2	3476	10	3476	—	—	—	17.77		200.71	
	2020	0.5	3.2	2066	6	2066	—	—	—	14.33		119.32	
方案二增压回收轻烃	2011	0.5	7.2	6157	30	2880	0.76	0.47	0.32	34.10	728.52	442.62	3,269.97
	2012	0.5	7.2	6538	31	3098	0.81	0.50	0.34	35.58		472.70	
	2013	0.5	7.2	6180	30	3214	0.68	0.45	0.32	34.25		442.84	
	2014	0.5	7.2	8306	37	4409	2.70	2.03	2.62	40.39		1509.62	
	2015	0.5	7.2	8058	36	4559	2.58	1.97	2.54	39.46		1474.50	
	2016	0.5	7.2	6710	30	3582	2.16	1.63	2.11	34.42		1214.63	
	2017	0.5	7.2	5134	23	2761	1.62	1.23	1.61	28.53		919.13	
	2018	0.5	7.2	3429	15	1891	1.04	0.80	1.06	22.18		601.50	
	2019	0.5	7.2	3476	15	1903	1.00	0.88	1.16	22.25		625.29	
	2020	0.5	7.2	2066	9	1171	0.57	0.50	0.66	16.99		361.27	

说明：

（1）耗电量包括压缩机及压缩机后空冷器耗电量，电费按 0.5883 元/(kW·h) 计算；

（2）天然气产品价格按 1.65 元/m³ 计算，丙烷产品价格按 5450 元/t 计算，丁烷产品价格按 5250 元/t 计算，轻烃产品价格按 4000 元/t 计算；

（3）年运行时间按 350 天计算。

从表 2-1-2 中数据可以看出，方案二的投资略高于方案一，但方案二的年产品收入和财务净现值远高于方案一，故终端低压燃料气回收工程推荐方案二，即将低压燃料气增压至 7.0MPa 后进生产分离器。

3. 设备选型

压缩机是本次设计的核心设备，压缩机的设计参数为入口压力 500kPa，机组排量$(0.5\sim1.5)\times10^4\mathrm{m}^3/\mathrm{d}$，出口压力 7.1MPa。由于往复式压缩机具有压比高、造价低等优点，推荐选用往复式压缩机。选用 2 台排量为 $1.5\times10^4\mathrm{m}^3/\mathrm{d}$ 往复式压缩机同时运行，额定出口压力 7.1MPa，主电机功率 70kW，采用变频电机驱动方式运行。

4. 现场安装、接入系统

从低压燃料气罐出口接三通至低压燃料气回收装置，先经过缓冲罐，通过三级加压及冷却，压缩后气体接入生产分离器入口。压缩冷凝后 1、2 级缓冲罐的液态产品排入闭排，3 级缓冲罐内液态产品接入凝析油单元进入脱乙烷塔回收。

5. 现场调试投用

（1）调试前的检查和准备；

（2）机组的启动及空载运行；

（3）机组负载工况运行；

（4）机组的停车。

三、效果评价

项目运行初期，为保障终端 20 亿的外输量，低压燃料气回收装置发挥了极大的作用，同时为终端的节能减排做出了极大的贡献，节约能源的同时减少了污染物及温室气体的排放。根据终端实际测算，在项目投产时产量 500 万 m^3/d 的外输量下，每天回收量大概为 1 万 m^3 天然气，一年大概回收量在 350 万 m^3 左右，经济效益约每年 700 万元，年节能量为 4200tce。

同时，由于低压燃料气的回收，每年减排 CO_2 的量约 120 万 m^3，且由于低压燃料气 C_3 组分偏多，之前火炬黑烟滚滚，造成了环境的污染，由于低压燃料气的接入，解决了火炬冒黑烟的问题。

回收装置运行良好，但目前制冷 C 套并未运行，天然气低产量外输，终端段塞流液位较低，凝析油单元并未投用，因此低压燃料气罐的量并不会超压，即不会放空，因而回收装置无须启动，所以目前回收装置伴随凝析油单元启停。

1.2.2　流花油田群放空天然气回收

一、背景

流花油田群采用水下生产系统、FPS 半潜式生产平台、浮式生产储卸油生产装置 FPSO 进行开发，流花 11-1 和流花 4-1 两个油田井液全部输送到南海胜利号 FPSO 进行处理、储存和外输，所有生产工艺都集中在油轮。流花油轮伴生天然气量高峰时期产气量达 $6\times10^4\mathrm{Nm}^3/\mathrm{d}$，放空伴生气量稳定在 $2.8\times10^4\mathrm{Nm}^3/\mathrm{d}$，硫化氢($H_2S$)浓度高达 30000μL/L(体积比)。由于伴生气含硫量高,因此该伴生气无法直接用作燃料,生产中经油轮的三相分离器和电脱水器分离处理后直接送至火炬系统放空燃烧。

伴生气直接放空存在着极大的能源浪费,并有环境污染的风险。流花油田群发电机及锅炉均以原油为燃料,由于伴生气并未用作燃料造成了原油消耗量的增大;若放空伴生气通过脱硫处理掉硫化氢,则可用作燃料使用,替代部分原油进入锅炉燃烧,大幅降低原油使用量。

二、改进措施

为回收放空伴生气,实现节约能源减少浪费,增上脱硫设施,利用络合铁脱硫技术进行伴生气脱硫,采用超重力旋转填料床为吸收设备,减小了脱硫设备尺寸。项目于 2013 年 11 月改造完成,项目新增脱硫撬块、压缩机组等设备,同时改造了相关电气、仪表、管线等配套设施,另对锅炉系统及伴生气放空系统进行了改进,新增脱硫系统占地空间为 14m×14m×7m,包括延伸甲板的总重量达到 134.6t。具体改造内容为:

(1)新增脱硫撬进口涤气罐 V-3101;

(2)新增空气冷却器;

(3)新增放空伴生气压缩机撬块 X-3102;

(4)新增放空伴生气脱硫撬块;

(5)将锅炉改为燃油燃气双燃料锅炉及对其控制系统配套改造;

(6)新增脱硫撬延伸平台 14000mm×14000mm;

(7)压缩机撬块和脱硫撬块机械、电气、仪表、管线、结构等专业相关建造工作;

(8)单机调试、系统联合调试。

改进前后伴生气处理流程如图 2-1-2 和图 2-1-3 所示,新增设施如图 2-1-3 虚线框部分。

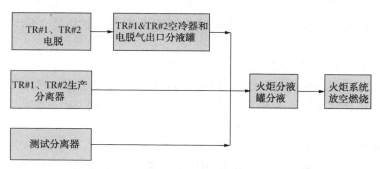

图 2-1-2　项目实施前放空伴生气处理工艺流程

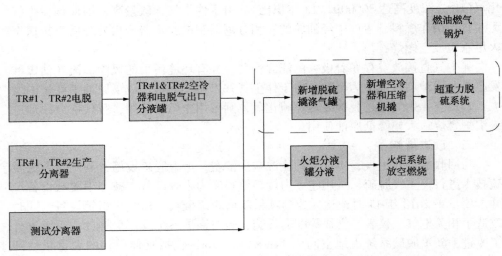

图 2-1-3　项目实施后放空伴生气处理工艺流程

三、效果评价

项目实施前，由于含硫量高，油田群伴生气全部放空，能源浪费严重，原油消耗量很大。项目实施后，超重力-络合铁脱硫设施可将 FPSO 上放空伴生气中 30000ppm 的 H_2S 处理到 14ppm 以内，伴生气得到了回收，锅炉部分消耗原油由伴生气替代，大大降低了原油的消耗量，年节约原油量可达 5504t。项目总投资 3107 万元，年节能量 7790tce。

该项目投运前三年运行良好，虽在运行过程中遇到过一些问题，但都得到了解决，如下：

（1）脱硫过程产生硫黄固体，易使管线发生堵塞。

在预混器出口与平衡罐入口的连接管线经常堵塞，后经管路防堵优化处理，堵塞的问题得到缓解。集液槽起初设计为 N_2 吹扫，后改造为贫液在线冲洗，可有效防止硫黄堵塞。将超重力机转子网状结构更换为柱状结构，降低其堵塞可能性。

（2）药剂对碳钢腐蚀性大，极易造成管路泄漏。

该装置所使用的药剂对碳钢具有极强的腐蚀性，碳钢管路一般在 7~10 天就会被腐蚀穿孔，后全部将脱硫系统内的碳钢管线及 N_2 吹扫阀门等更换成不锈钢材质的管线和阀门。

（3）系统稳定性不强，逐步完善。

增加一个大缓冲罐，在锅炉负荷调整时，便于气体的储存。增加一个备用的真空转鼓，用以提高硫黄回收的稳定性。导波雷达液位计不适用于该系统，测量不准确，后改为磁翻板液位计效果较好。

海上设施空间狭小，主要由钢铁结构建成，海油内部其他单位在借鉴该项目时，要充分考虑湿式脱硫易堵塞管线、阀门、泵体等部位；另外，药剂对碳钢的腐蚀性较大，注意与药剂接触的设备管线的材质选择。

1.2.3　惠州 19-2 平台放空气回收发电

一、背景

惠州 19-2(以下称"惠州 19-2")平台位于中国南海珠江口盆地 16/19 区块北部，距香港东南 190km，水深 98~105m。16/19 区块共有 3 座平台(惠州 19-2 平台、惠州 19-3 平台、惠州 25-3 平台)，其中惠州 19-3 平台负责管理惠州 19-3 油田，所生产的液体通过海底管线外输到惠州 19-2 平台进行处理。

为了提高惠州 19-2 平台的原油产量，开始加快开发惠州 25-4N Sand 油藏，惠州 25-4N Sand 油藏为高含气油藏，利用惠州 19-2 平台开发。为保障惠州 19-2 平台的安全生产，高含气井惠州 25-4-3 井一直限产，该状况下，惠州 19-2 平台天然气处理量为每天 30 万~46 万 ft^3，整个平台的工艺设备运行平稳，各调节阀的开度也保持稳定状态。惠州 25-4N Sand 油藏开采后，惠州 19-2 平台总的处理气量将增加至每天 98.8 万 ft^3，惠州 19-2 平台总的处理气量将大幅增加。

惠州 19-2 平台工艺处理系统流程为：井液通过生产管汇汇集后，与从惠州 19-3、惠州 25-3 平台上输送的流体一起进入生产分离器进行油气水三相分离，分离的原油通过原油输送泵经海管外输至 FPSO 进一步处理。分离的气体经火炬燃烧掉，分离的生产水进入生产水系统进行进一步处理。生产水系统由水力旋流器、生产水撇油罐组成，处理达标的生产水经开排沉箱排海。

当惠州 25-4-3 井产气量稍大时，低压火炬罐内的压力就会升高。当低压火炬罐的压力升高至 1.3psig 时，将直接导致以下结果及风险：(1)低压火炬罐内污油经溢流管流入开排沉箱中，产生溢油风险；(2)低压火炬罐内气体经溢流管进入沉箱再进入开排系统，产生气体泄漏风险。

二、改进措施

为解决惠州 25-4N Sand 油藏开发后伴生气量过大影响正常生产的问题，同时为回收伴生气实现节能减排的目的，油田决定利用放空气进行发电。放空气回收发电项目于 2016 年 3 月开工建设，2016 年 7 月建设完成，项目总投资 3495.91 万元。

惠州 19-2 平台放空气回收发电项目对惠州 19-2 平台的工艺系统进行了改造，主要涉及三相生产分离器的改造、低压火炬分液罐改造、火炬臂改造等，并新增加了 2 套 1000kW 的微透平发电机和一套天然气预处理装置。通过安装 2 套 1000kW 的微透平发电机和一套天然气预处理装置，在正常生产时将一部分伴生气经过处理用作微透平发电机的燃料气。惠州 19-2 平台选用了 Capstone 公司的 C1000 型微型燃气轮机，该设备所采用的空气轴承技术传动轴运行无磨损，无须润滑和冷却，无振动，使用寿命长；并具有重量轻，占地小、适用多种燃料的特点，该设备内部结构示意图如图 2-1-4 所示。

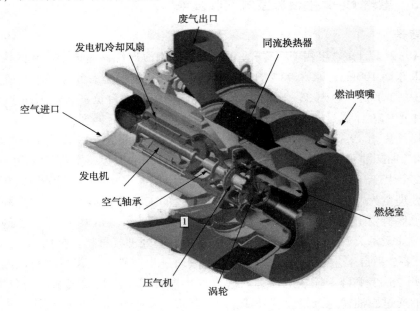

图 2-1-4　微型燃气轮机内部结构示意图

惠州 19-2 平台放空气回收发电项目实施前，惠州 19-2 平台由惠州 32-2 平台供电。放空气回收发电项目实施后，发电产生的电能将接入惠州 19-2 平台现有电力系统 480V 低压母线，和惠州 32-2 共同为惠州 19-2 平台供电。

三、效果评价

项目实施前，平台放空气全部放空，能源浪费严重，电力消耗量很大。项目实施后，有效地解决了惠州 25-4N Sand 油藏增产所带来的瓶颈和环保问题，并在油田大幅增产后，保证了惠州 19-2 平台工艺系统的稳定性和安全性，具有很好的经济性。油田请第三方审核机构对该项目开展了节能量审核，审核结果如下：

（1）项目实施后，统计报告期预计可实现节能量 6526.83tce，年有效回收天然气 4576959m³。

（2）项目实施后，统计报告期预计可实现减排温室气体 12177.75tCO₂e，具有良好的减排效果。

（3）该项目所得税后内部收益率为 2051.21%，所得税后财务净现值为

12361.15万元，所得税后动态投资回收期为1.05年，产生的经济效果显著；

（4）惠州19-2平台放空气回收发电项目实施后，有效地解决了惠州25-4N Sand油藏的增产所带来的瓶颈和环保问题，并在油田大幅增产后，保证了惠州19-2平台工艺系统的稳定性和安全性，具有很好的经济性；

（5）该项目采用的微型燃气轮机，具有重量轻、占地少、寿命长、无需润滑等优点，可实现对少量伴生气的有效利用，对于低放空量的伴生气回收利用具有一定推广价值。

1.2.4　陆丰13-2平台小型燃气发电机节能项目

一、背景

陆丰13-2油田原油气油比很低（ODP报告中认为经油藏勘测，该油田气油比仅为2：1），因此平台生产伴生气量较少，不适合作为油田发电机组主机燃料，而这些伴生气若直接排放势必对环境造成影响。为解决这一问题，平台项目组相关专业人员和全球第一家生产微型燃气轮机组的厂家及其他中小型燃汽动力机生产厂家经过充分交流和讨论，计划在陆丰13-2油田调整井项目阶段（即陆丰13-2DPP平台开始建造阶段）开展中小型天然气发电机组的试验，机组需具备对燃料气要求低、占地面积小、对伴生气量变化有较好适应性、便于搬迁等优点。

鉴于此，陆丰13-2DPP调整项目在设计阶段确定增上小型燃气机。该燃气机为小型可移动性的燃气机组，使用可移动燃气机组的目的是在陆丰13-2DPP伴生气枯竭时可以移动到其他的设施重新利用。

二、改进措施

深圳分公司陆丰油田作业区陆丰13-2DPP平台小型燃气发电机项目于2011年6月开始启动，2012年3月完成海上建造。由于调试阶段发电燃气组分与燃气发电机设计不匹配，厂家工程师建议对燃气工艺进行改造和处理，使得燃气组分中的重组分满足设计要求。后经作业区与厂家多方面的沟通和协商，通过调整燃气机的参数和现场工艺的脱水处理，能基本满足燃气机组的日常运行要求。燃气发电机组于2013年12月开始正式投入运行，该项目投资金额约1250万元。

项目实施前平台生产工艺主要可分为原油处理工艺、生产水处理工艺和伴生气处理工艺。原油处理工艺流程为：陆丰13-2DPP井口来液分两路，一路进入测试管汇并进行单井的油、气、水三相计量，计量后该部分流体与WHP平台所产来液及另一路井口来液进入生产分离器利用重力作用进行三相分离，分离出的原油进入电脱水器进行深度脱水，进行深度脱水后的原油进入原油缓冲罐，并经外输泵换热后进入FSOU储存。另外，生产水缓冲罐分离出的原油进入污油罐，进入平台的闭排系统，回到生产分离器进行回收。详见图2-1-5。

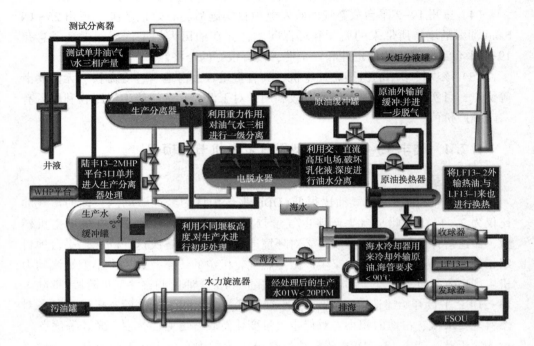

图 2-1-5 陆丰 13-2 平台节能项目运行前工艺流程

项目运行后该平台原油处理与生产水处理系统工艺流程不变，对伴生气工艺，改造后在平台燃气发电机组运行时，会有部分伴生气被分流到燃气发电机组前置的涤气罐，经除尘后的伴生气经压缩机压缩和换热后，温度低于 50℃的伴生气进入燃气发动机与空气燃烧，燃烧排气推动曲轴连杆机构带动发电机发电。图 2-1-6 为燃气发电机组现场布置图。

图 2-1-6 燃气发电机组现场布置图

燃气发电机相关参数如图 2-1-7 所示。

```
                              Site Conditions
Location:                     Guangdong, Shenzhen China
Generator Output:             950 kWe
Efficiency:                   95.5%
Driven Equipment:             994.8 kWb
Cooling Fan:                  0.0 kWb
Total Requested Power:        994.8 kWb
Speed:                        1200 RPM
BMEP:                         10.5 bar
Parallel/Stand Alone:         Parallel
Elevation (ASL):              42 M
Cooling Type:                 Solid Water
Jacket Water Outlet Temperature:        82.2  ℃
Intercooler Water Inlet T emperature (Tcra):   54.44  ℃
Max Combustion Air Inlet Temperature:   50℃
Fuel Type (Primary):          Field Gas
Fuel-Primary WKI    TM        86.94
Fuel- Primary SLHV:           30.26 MJ/m³
```

Main data:				Quantity
Generator type:	LSA 52.2 M55/ 6p		CACW	1
Power:	937 kVA	750 kWe	781 kWm	
Voltage:	480V Star connection ± 5%		Nominal curent: 1 128 A	
Power factor.	0.8			
Frequency:	60 Hz		Speed: 1200 r/min	
Winding pitch :	p2/3		Ambient: 40℃	
Insulation / Temperature rise :	H/B		Altitude: 1000 m	

图 2-1-7 燃气发电机参数

三、效果评价

平台由于伴生气量较少,不适合作为油田发电机组主机燃料,而这些伴生气若直接排放势必造成能源的浪费及对环境的污染。增加小功率燃气发电机后,降低了主发电机的功率及燃料油(原油)消耗量,具有非常好的节能减排效果。

平台对小型燃气机正式投产后 5 个月的主机原油消耗量进行了详细测算,通过燃气发电机投用前后发电单耗进行对比,项目运行期间(2013 年 12 月～2014 年 4 月)实际节约原油 61.77t。从陆丰 13-2DPP 平台的 ODP 报告中可知,到 2018 年前该平台电负荷较为稳定,若其他条件(包括燃气发电机组运行时率、平台负荷等)不变,将本项目测算期(5 个月)拓展到全年(12 个月),可估算出该项目每年节约原油约为 148.25t,节能量为 211.8tce。

陆丰 13-2 平台上的燃气发电机组在使用过程中故障率较高,由于技术封锁等原因,燃气发电机组发生故障后厂家售后服务滞后,且某些部件的更换需要国外调取,故障率过高,对平台人员精力和经济的消耗不容忽视,技术壁垒成为陆丰 13-2 平台燃气发电机运行时率偏低的主要原因之一。另外,陆丰 13-2 平台伴生气组分中 CO_2 含量较高,对燃气机的工况造成了一定的影响。

1.2.5 陆丰 7-2 油田双燃料发电机应用

一、背景

陆丰 7-2 油田在设计时考虑对伴生气进行回收利用，在油田伴生气高峰时利用油田伴生气进行发电，对放空天然气实施有效回收以减少发电用原油的消耗，因此考虑采用燃气-原油双燃料发电机对放空气进行回收，所以在设计阶段主发电机选型时，选择安装 2 组天然气/柴油/原油燃料发电机组。

二、改进措施

根据设计资料油田投产时购进四台主发电机，由瓦锡兰公司设计制造。其中两套双燃料发电机，即原油及天然气发电机，每套功率为 3890kW，另外两套为原油发电机，每套功率为 4320kW。双燃料发电机在油田投产后计划使用油田伴生气来作为燃料，设计所需燃气流量为 $188\sim636\text{Nm}^3/\text{h}$，主机系统流程示意图见图 2-1-8，燃气系统流程示意图见图 2-1-9。

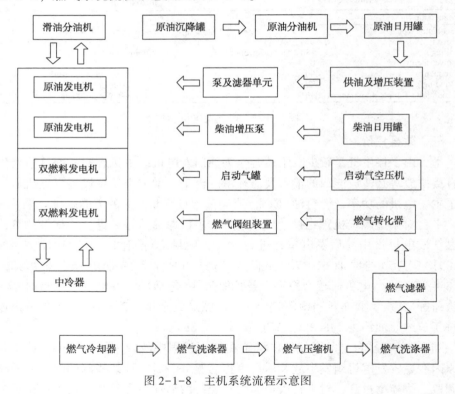

图 2-1-8 主机系统流程示意图

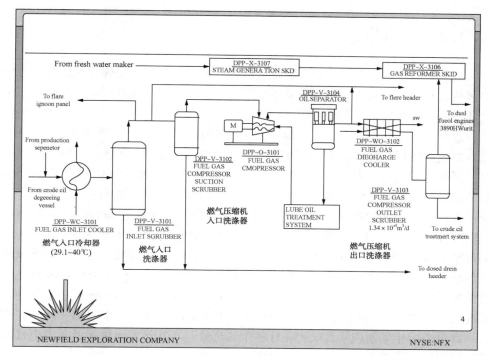

图 2-1-9　燃气系统流程示意图

但投产后发现，陆丰 7-2 油田伴生气量及成分与开发预期的数据有差异，不但伴生气量低，而且二氧化碳含量高，甲烷含量低于燃气—原油双燃料发电机运行所需最低热值要求，故项目投产后，发电机组无法使用伴生气发电。平台投产后至高峰产量时，平台伴生气量仅为 $70Nm^3/h$，其中二氧化碳含量为 42%，氮气含量为 3%，剩余可燃气组分流量不足 $38Nm^3/h$，远低于设计所要求的气体流量值。

三、效果评价

设计双燃料发电机，初衷是利用好油田的伴生气，使能源得到充分的利用，运用伴生气发电实现节能减排，降低污染，满足节能要求和环保指标。由于油气指标未达到设计所要求水平，导致燃气系统无法投用。后油田对燃气系统进行了隔离，把相关设备和管线隔离出来，燃气系统的相关配件拆除当平台其他设备的配件，双燃料机组当作原油发电机组使用。

建议在今后的项目中，充分考虑设计方案，若对伴生气量无法准确估计，可以分步骤实施节能项目，如投产后伴生气量较低，可增上小型燃气发电机组，以达到最大的经济效益。

1.3　经验与总结

放空气回收是非常重要的节能改造措施，由于海上很多设施存在放空气且放空量较大，因此实施放空气回收节能改造可产生很大的节能量，同时对降低温室气体及污染物排放也具有非常积极的作用。

放空气回收有多种方式，深圳分公司已实施的放空气回收节能改造措施中，基本以放空气用作锅炉或发电机燃料为主。"珠海终端低压燃料气回收装置"项目，回收后的燃料气直接作为天然气产品进行外输，在统计期内实现了6500tce的节能量，且为终端供气提供了保障。"流花油田群放空天然气回收"项目，利用回收后的放空气作锅炉燃料，在一年的统计期内，实现了6608tce的节能量。"惠州19-2平台放空气回收发电"项目，利用回收后的放空气发电，统计报告期实现节能量6527tce，且有效地解决了惠州25-4N Sand油藏增产所带来的瓶颈和环保问题。"陆丰13-2B平台小型燃气发电机节能"项目，虽然节能量较其他项目偏低，仅为212tce，但成功探索了小规模放空气的回收，为小规模放空气的回收提供了经验。"陆丰7-2油田双燃料发电机应用"项目，并未成功应用，原因为平台投产后伴生气产量远低于设计伴生气产量，实际伴生气量远低于发电机对进气量的最低要求，因此，项目最终失败。

放空气回收节能改造措施一般情况下效果非常明显，产生的节能量大，所以对该类项目必须给予足够的重视。放空气回收虽然存在多种成熟的回收技术，但目前对于海上设施适用性及经济性较高的只有放空气用作锅炉燃料或发电机燃料，陆地终端回收的放空气可以用作外输产品，目前已实施的项目中也均为该类项目。该类放空气回收技术也比较成熟，只要现场具备实施条件，可考虑组织实施。但对于新建海上设施，由于地质条件的复杂性，对伴生气量判断可能存在较大误差，若贸然在设计阶段考虑放空气回收项目并与海上设施同步建设，有可能导致项目的失败，因此，新建设施应充分考虑设计方案，若对伴生气量无法准确估计，可以分步骤实施，以免造成项目的失败。

随着节能减排形势越来越严峻，对海上放空气的控制会越来越严格。各级人员对放空气回收节能改造措施必须给予足够重视，不断节约能源消耗，降低污染物及温室气体排放，并实现提质增效的目的。

2 余热回收

2.1 措施概况

余热资源属于二次能源，是一次能源或可燃物料转换后的产物，或是燃料燃烧过程中所发出的热量在完成某一工艺过程后所剩下的热量。按照温度品位，工业企业余热一般分为600℃以上的高温余热，300~600℃的中温余热和300℃以下的低温余热三种。按照来源，余热又可被分为工艺物流余热、蒸汽凝液余热、烟气余热、低压蒸汽放空余热及低温热水介质余热。工业余热资源十分丰富且广泛存在于各种生产过程中，在我国，各主要工业部门的余热资源率平均达7.3%，而余热资源回收率仅34.9%，回收潜力巨大。目前，回收利用的余热主要来自高温烟气的显热和生产过程中排放的可燃气，且回收情况较好，大部分中高温余热得到了回收；但中低温余热回收情况较差，且中低温余热资源十分丰富，企业大部分余热资源均为中低温余热。

对于中高温余热，回收方式较多且很容易实现，但对于低温余热，回收受到技术条件的限制，回收比较困难，回收的方式主要分为同级利用及升级利用。同级利用指对余热资源直接利用，包括直接对工艺物流加热、产热水用于生产或生活等方式，同级利用热利用率最大可达100%，节能效果非常好，但同级利用受限较大，利用过程中必须找到温位合适的热阱。升级利用指提高低温余热的品位后再进行利用，利用方式主要有低温余热发电、溴化锂吸收制冷、热泵技术等；升级利用一般热利用率较低，但升级利用受到现场条件的约束较小，可以经过热源温位升级将余热资源热量传导至高温位热源或产低压蒸汽，尤其在利用低温余热发电中几乎不受现场条件限制。

对于海上油气田，余热资源十分丰富，但一般不存在高温余热，中温余热以透平烟气余热为主，透平烟气余热较易利用，但必须找到合适的热阱才能加以回收利用。低温余热以生产水余热为主，生产水余热在有合适热阱的情况下优先选择同级利用，以提高热利用效率；若无合适热阱，则选择升级利用，但受海上生产条件及空间的限制，升级利用一般选择溴化锂吸收制冷的方式，其他升级利用方式很难适用于海上油气田。

2.2 措施应用情况

2.2.1 珠海终端外输压缩机加装余热回收装置

一、背景

珠海终端所用两台美国索拉 MARS 90 透平压缩机组，设置为一用一备，其中透平机组的高温尾气直接排放至大气中；同时，终端建有一套 11000kW 导热油炉，在导热油炉运行过程中存在以下问题：

（1）终端仅有一套 11000kW 的导热油炉，在事故状态及检修状态下会影响终端的正常生产；

（2）导热油炉功率较高，消耗燃料过多，节能效果差。

针对以上情况，终端规划新建一套 5000kW 导热油炉及 11000kW 余热回收装置。经分析，该项目具有以下优点：

（1）实现在已建导热油炉事故状态下及检修状态下珠海终端装置的正常生产；

（2）通过使用小功率热媒炉及利用 Solar 机组高温尾气相结合的方式对导热油进行加热，减少燃料气的消耗，提高节能效果。

二、改进措施

珠海终端对新建余热回收装置开展了详细论证，单台透平压缩机组的尾气排放量为 118565~151144kg/h，尾气排放温度为 404~497℃，经计算可回收利用的热量在 6770~10460kW/台。

为了最大限度地回收和利用透平压缩机组的余热，同时又保证余热回收装置的出力相对稳定，将余热回收装置的出力设定为 11000kW（实际最低出力设定在 7000kW），因此为了保证天然气处理工艺的正常运行，终端确定还需增设一台 5000kW 导热油炉。当余热回收热量不能满足工艺用热时启动新增导热油炉，将导热油温度提升至工艺用热温度。

针对上述供热方案，对已建导热油主循环泵工况进行校核。其中：工艺用热设备压降 0.15MPa（天然气专业提供），管网阻力 0.15MPa（阻力计算），余热回收装置压降 0.15MPa（厂家提供），新增导热油炉压降 0.15MPa（厂家提供），加热炉区管网压降 0.1MPa（阻力计算），总计 0.7MPa，循环泵厂家答复意见为在系统总压降 0.7MPa 工况下，导热油主循环泵流量能达到 288m³/h，可以满足正常生产要求，因此不需更换导热油循环泵。此外，待余热回收装置订货后需确定导热油换热设备高度是否高过已建导热油膨胀罐，若高于膨胀罐则需相应架高膨胀罐，以保证导热油系统正常运行。终端膨胀罐高度实际是高于余热回收装置的高度的，因此也无须架高膨胀罐。

　　经过详细论证、设计安装等，终端于 2010 年建成一套 5000kW 导热油炉及
11000kW 余热回收装置，项目建成后与之前已建 11000kW 导热油炉采用一用一
备方式运行。

　　新建余热回收装置系统主要由余热回收装置、三通挡板阀、烟道、烟囱及控制
系统组成。透平压缩机组排出的高温尾气以对流的形式通过翅片式换热盘管，翅片
式换热盘管获得的能量传递给导热油，从而完成对导热油的加热，实现余热利用的
目的。透平压缩机烟气出口设置三通挡板阀调节余热回收装置负荷和导热油出口温
度的变化。压缩机组排烟口设置压力高报警，并联锁停运索拉机组。当采用余热回
收装置加热导热油时，导热油回油先经主循环泵增压后输至新建 5000kW 导热油
炉，再进入余热回收装置。余热回收装置导热油出口温度与新增导热油炉联锁，当
余热回收装置出口温度满足工艺要求时则不启动新增导热油炉，反之则启动新增导
热油炉对导热油进行加热，以保证整个系统供油温度满足工艺用热要求。余热回收
装置现场照片及技术参数见图 2-2-1 和表 2-2-1、表 2-2-2。

图 2-2-1　余热回收装置现场照片

表 2-2-1　余热回收装置技术参数

项　　目	参数	
	壳程	管程
介质	烟气	道达尔 K3120
介质流量	119775Nm³/h	250m³/h
设计压力/MPa	常压	1.0
最高工作压力/MPa	常压	0.6
设计温度/℃	550	350

续表

项 目	参数	
	壳程	管程
进口温度/℃	457	220
出口温度/℃	250	300
设计热负荷/kW	11000	
换热面积/m²	3500	
计算压力降/kPa	0.688	43.1

表 2-2-2　投资估算表　　　　　　　　　　　　　　　万元

序号	项目名称	建筑工程	设备购置	安装费用	合计
一	工程费	111.5	646.5	128.04	886.04
1	热工部分		635	50	685
2	仪表部分		6.5	1.5	8.0
3	电气部分		5	76.54	81.54
4	土建部分	111.5			111.5
二	其他费				133
三	预备费				102
四	估算总投资				1121.04

三、效果评价

余热回收装置投用之后，正常工况下原 11000kW 热媒炉停用，仅使用余热回收装置及 5000kW 热媒炉为生产工艺提供热量，且 5000kW 热媒炉仅作为备用，当余热回收装置出口温度满足工艺要求时可不启动新增 5000kW 热媒炉。改进后燃料气用量大大减少，节能效果十分明显。具体效果分析如下：

在未投用余热回收装置时，投用 11000kW 热媒炉，取 2010 年 1 月 30 日至 2010 年 2 月 11 日共 13 个生产日数据，测算每外输 1 万 m³ 天然气时热媒炉所需的燃气量，如表 2-2-3 所示。

表 2-2-3　改进前燃气量测算结果

时间	总外输量/万标 m³	平均日外输量/万标 m³	总耗燃气量/标 m³	平均日耗燃气量/标 m³	每外输 1 万 m³ 天然气时热媒炉所需的燃气量/标 m³
2010-1-30~ 2010-2-11	5213.891	401.07	161604	12431.1	30.99

投用余热回收装置后，停用11000kW热媒炉，同时投用5000kW热媒炉，取2010年3月26日至2010年4月7日共13个生产日数据，测算每外输1万 m^3 天然气时热媒炉所需的燃气量，如表2-2-4所示。该工况下，三通挡板阀13个生产日平均开度为66%。

表2-2-4 改进后燃气量测算结果

时间	总外输量/万标 m^3	平均日外输量/万标 m^3	总耗燃气量/标 m^3	平均日耗燃气量/标 m^3	每外输1万 m^3 天然气时热媒炉所需的燃气量/标 m^3
2010-3-26~2010-4-7	5935.013	456.54	78999	6076.8	13.31

终端进一步将余热回收装置三通挡板阀全开，此时余热回收装置出口温度满足工艺要求，该情况下两台热媒炉可全部停用。取2010年2月5日18：00至19：30热媒炉全停工况下的数据，此时燃料气流量消耗为0，以当时外输量折算日外输量约为417.6万标 m^3 。

根据终端实际测算情况，改进后若三通挡板阀保持66%的开度，每外输1万 m^3 天然气时节约热媒炉所需的燃气量为30.99-13.31=17.68标 m^3 。以年外输350d、每天外输460万标 m^3 计算，每年可节约燃气量为 $350×460×17.68=2846480$ 标 m^3 ，约284.65万标 m^3 燃气，节能量为3456.5tce。

若三通挡板阀全开，两台热媒炉停用，每外输1万 m^3 天然气时节约热媒炉所需的燃气量为30.99标 m^3 。以年外输350d、每天外输460万标 m^3 计算，每年可节约燃气量为 $350×460×30.99=4989390$ 标 m^3 ，约498.94万标 m^3 燃气，节能量为6058.6tce。

终端实际运行中采用小热媒炉与Solar尾气余热回收利用装置并轨运行，即上述提到的三通挡板阀保持66%开度的工况，余热回收装置现运行状态良好。

2.2.2 "海洋石油115"FPSO主机尾气余热利用

一、背景

"海洋石油115"FPSO服役于中国南海片区西江23-1油田，该FPSO配备了3台柴油原油双燃料往复式发电机组，为"海洋石油115"FPSO和西江23-1DPP平台的用电设备供电。该发电机组由芬兰Wartsila公司生产。在一般情况下，3台发电机组中的2台运行，另1台备用。正常运行情况下，两台主机的运行负荷在50%~60%左右。每台主机尾气每小时排放量约为7kg/s（50%负荷）~14.9kg/s（100%负荷），排烟温度达到350℃左右。主机尾气中存在大量的废热，这些废热直接排放在大气中，一方面造成能源的浪费，另一方面也造成环境的污染。

与此同时，"海洋石油115"FPSO由于工艺加热需要，配置了一套热介质系统，系统由3台9000kW热介质锅炉、4台热介质循环泵、1个热介质膨胀罐组成。热介质锅炉是该系统的核心设备，安装在热站右舷模块上，锅炉燃料为原油。热介质油经过热介质锅炉加热后，温度从85℃左右提升到107℃左右，用于货油仓等各个工艺环节的加热。油田正常生产时，热介质锅炉1用2备，平均每天消耗原油量约为15m³。

二、改进措施

经过详细分析，决定对FPSO主机尾气的余热加以利用，用于加热热介质系统的热介质油，从而取代或部分取代原系统的锅炉加热，以大量减少"海洋石油115"FPSO热介质锅炉燃油消耗，同时减少主机尾气对环境的污染及节约锅炉的维修保养成本，实现良好的经济效益和社会效益。

具体实施步骤如下：

1. 热量衡算分析

① 发电机可提供热量：按照60%的主机运行负荷计算，主机尾气的烟气量约为9.39kg/s，烟气比定压热容为1.2kJ/（kg·K），余热回收效率按0.9计算，排烟温度为350℃，余热装置的出口温度设计为175℃，则每台主机尾气余热可回收的热功率理论值为：烟气流量×比定压热容×烟气进出口温差＝1774kW/台。考虑到现场主机运行的负荷均值为55%左右，因此本项目的余热装置可回收的热功率在设计值基础上乘一个保守系数0.9，即1597kW/台，经圆整为1600kW/台。

② 实际所需热量：现场对"海洋石油115"FPSO从2017年4月1日至5月8日三台热油锅炉每天的进出口热油的温度进行了监测，锅炉进出口总体平均温差为23.53℃，具体见表2-2-5。

表2-2-5　锅炉进出口温差监测结果

锅　炉	进出口平均温差/℃
锅炉A	23.40
锅炉B	24.57
锅炉C	22.63
总体平均	23.53

根据现场监测，热油的平均流量为 265m³/h，热介质油为 Therminol 55 合成热媒油，热油系统的热负荷需求为：热油流量×热油密度×热油的比定压热容×热油温差=3159.42kW。

经分析，两台余热回收装置的投用回收的热负荷能够替代原有热油锅炉的热负荷。

2. 余热回收装置选型

余热回收系统选型需按照 CCS、BV 船级社标准要求和 GESAB 标准要求执行，同时一方面要考虑热用户的热量需求，另一方面也要考虑现场主机运行负荷变化所带来的烟气量变化造成的影响。

根据主机运行负荷以及对应的烟气量情况计算，对应参数如表 2-2-6 所示。

表 2-2-6 主机运行负荷对应的热回收负荷

序号	主机运行负荷/%	标准烟气量/(kg/s)	余热回收理论值/kW	余热回收设计值/kW
1	50	7	1323	1191
2	60	9.39	1775	1597
3	75	10.6	2003	1803
4	100	14.9	2816	2534

根据表 2-2-6 的计算分析，考虑按照主机运行负荷 60% 进行设计，一方面覆盖主要的主机运行负荷工况，另一方面可以防止出现"海洋石油 111"FPSO 出现过的因为短时间主机负荷超高、烟气流量过大而产生的余热回收装置震动和噪声较大的问题。同时，如果主机出现短时间的 70% 以上负荷运行工况，通过设计旁通管路来解决短时间的超负荷运行问题。

经调研 FPSO 选用立式余热回收装置，立式余热回收装置占用 FPSO 面积更小。

3 台余热回收装置形成一个余热回收装置系统，每台之间采取并联的方式运行，每台余热回收装置都有一个旁通阀，用于余热回收装置不运行时热油直接旁通到其他余热回收装置或其他地方。原有的 3 台燃油锅炉 A/B/C 组合成一个燃油锅炉系统，每台之间都是并联方式运行。原有的 3 台循环泵组成一个循环泵系统，每台之间都是并联运行。燃油锅炉与余热回收系统采取并联的方式运行。从循环泵系统经过循环泵加压的热油可以同时进入燃油锅炉系统和进入余热回收装置系统或者进入其中的一个系统。

三、效果评价

余热回收装置投用后，大大减少了燃油导热油炉的原油消耗，节约能源的同时减少了大气污染物及温室气体排放。根据统计台账，"海洋石油 115"FPSO2013

年至 2016 年的原油年度平均消耗量为 5371.12m³，平均日消耗量 14.92m³。项目投入运营可基本取代原锅炉，导热油加热完全在余热回收装置进行。但原锅炉在原油外输期间还需运行，原油燃烧后废气用作大舱补惰气用，目前西江油田"海洋石油 115"提油频率大约为一周多时间提油一次，考虑到油田后期产量的减少，油田提油周期延长，根据预测油田未来 7 年平均日产量为 3602m³/d，根据西江油田的提油协议 42 万桶提油一次，则提油平均周期为：420000÷6.3÷3602＝18.5 天，平均每年外输次数约为 20 次，每次外输时间约为 1 天，则一年锅炉用于外输补惰气的原油消耗为：20×14.92m³/d＝298.4m³/a。

因此，项目实施后全年可节省原油为：5371.12m³－298.4m³＝5072.72m³，节能量为 5870tce，同时减少烟气排放量 2500 万 m³/a，减少二氧化碳排放量 6000t/a，减少粉尘排放量 1300kg/a。

原油单价按照 50 美元/桶、汇率按照 2017 年 5 月 15 日的实时汇率 6.885 计算，实际年节省费用为 1098.4 万元。

2.2.3 西江 24-3 平台与西江 30-2 平台生产水低温余热利用

一、背景

西江油田位于香港东南面 130km 处的珠江盆地，海上生产设施由 5 个平台和一个浮式生产、储油和卸货轮（FPSO）组成。生产平台就像一座建立在海洋中的楼房，分为生产区域和生活区域。电力供应由自备的双燃油发电机组提供，可以使用自产的原油发电，也可使用供应船运输来的柴油发电。平台一般情况下容纳 100~120 人生活和工作，高峰时可容纳 150 人生活和工作。

平台生活区通过具有加热、通风和温度调节功能的中央空调（HVAC）系统来提供适宜的生活、工作温度，该系统包括制冷机（Chiller）、补充空气装置（Make Up Air Unit）、空气调节装置（Air Handling Unit）、空气加热导管（Heater）、送风及排风机（Ventilation Fan）和控制面板（Control Panel）。西江油田 1994 年投产的西江 24-3 平台与 1995 年投产的西江 30-2 平台各配备了两组美国开利螺杆压缩制冷机组作为中央空调系统的制冷源，一备一用，为生活区及平台电器控制房提供冷气。制冷机组系统由三个子系统组成，即核心的压缩制冷机、带走冷冻媒热量的冷却海水系统和把制冷机产生的冷量带出制冷机并用来降低补充进生活区的空气温度的冷水系统，每组制冷机的压缩机由两台额定功率为 63kW 的螺杆压缩机组成。制冷机通过电力驱动压缩机，不断把吸热后蒸发的冷媒介质 R134A 加压后液化，冷媒通过吸热来降低冷水系统中的冷水温度。冷水循环系统通过电泵不断把降温后的低温冷水送至热交换器，降低补充进生活区的空气温度。供给平台生活区的空气流经充满冷水的交换器，降低温度后经送风系统被送至终端用户, 室内的部分空气则通过排风系统被送出生活区, 实现生活区内的空气流通及降温目的。当冬天室外气温寒冷, 送入室内的空气会被温控器控制的空气电加热导管加热, 起到升高温度的目的。西江油田平台原有空调系统(中央空调)工艺流程如图 2-2-2 所示。

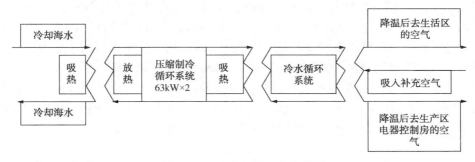

图 2-2-2　中央空调工艺流程图

平台除生活区的中央空调以外, 在生产区有两个生产油井电潜泵变频调速控制器房, 各有一组独立的船用风冷空调机组, 每组有四台 17.5kW 的压缩制冷机。生产区的两个风冷空调机组没有冷水循环系统, 柱塞式压缩制冷机直接把吸入的室内空气降温, 再送回房间, 实现室内空气降温后的内循环, 压缩机制冷时产生的热量由室外的散热风扇排走。西江油田平台原有独立空调工艺流程如图 2-2-3 所示。

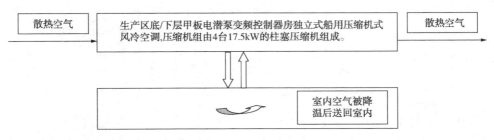

图 2-2-3　独立空调工艺流程图

西江 24-3 平台与西江 30-2 平台油井每天从井下抽取的油水混合液经分离、处理合格后排放大海的生产水量, 分别为 38000m³/d 和 46000m³/d, 温度在 82～86℃左右, 含油浓度在 20mg/L 以下。该生产水的热量是可利用的低温余热资源, 生产水直接排海造成了能源的浪费。

二、改进措施

为响应国家节能号召, 回收生产水余热, 西江油田在 2007 年 12 月研究决定在两个平台上各用一台溴化锂吸收式制冷机组替换原有的螺杆压缩机制冷机组作为中央空调系统制冷机，留一组压缩机制冷机组在平台停产的情况下使用。在正常生产情况下，利用生产水的余热，由溴化锂吸收式制冷机为平台提供冷源，减少电力消耗，进而节约发电用燃油。

西江油田进行的溴化锂空调改造项目只对中央空调的六大系统制冷机（Chiller）、补充空气装置（Make Up Air Unit）、空气调节装置（Air Handling Unit）、空气加热导管（Heater）、送风及排风机（Ventilation Fan）和控制面板（Control Panel）中的制冷机进行替换，未涉及其他五个系统。改造后，原生产区两个生产油井电潜泵变频调速控制器房的制冷机组被拆除，改由中央空调系统提供冷气。

2009年7月两台溴化锂吸收式制冷机在西江油田两个海上平台分别投入使用。经过一个夏天的使用，完全满足平台生产、生活的要求，达到了改造的预期目标。西江油田平台改造后的空调系统工艺流程如图2-2-4所示。

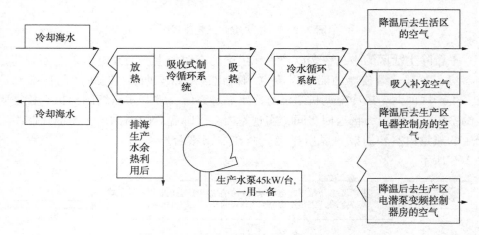

图2-2-4　改造后中央空调工艺流程图

三、效果评价

中央空调系统改造后，两个平台中央空调原制冷机及独立空调停用，节约了电力消耗；溴化锂制冷机主机及热源水泵在运行过程中需消耗电力，但消耗的电量远低于原制冷机及独立空调消耗的电量，详细对比情况见表2-2-7。

表2-2-7　中央空调改造前后用电设备对比

新旧空调系统能耗单元组成	溴化锂制冷机	螺杆压缩制冷机
主机	4.7kW×1	63kW×2
冷水系统（冷水泵）	不变	
冷却海水系统（伺服水泵）	不变	
冷风输送系统	不变	

新旧空调系统能耗单元组成	溴化锂制冷机	螺杆压缩制冷机
热源水泵	45kW×1	无
油井变频控制器房	无	17.5×4kW×2
可比额定功率	49.7kW	266kW
每天节省电量	5191.2kW·h	

由表 2-2-7 数据中可知，平台空调系统改造后，从耗电设备的额定功率变化情况看，改造后每天电量消耗减少 5191.2kW·h。

为更加准确评价改造效果，改造前后现场人员对电量进行了详细记录，空调改造前后以 24h 为记录周期的实际运行耗电比较（2009.7.4 与 2009.7.8 的对比）见表 2-2-8。

表 2-2-8 中央空调改造前后实际电耗对比

原 HVAC 主机 2×63kW	VFD 房空调 2×70kW	溴化锂空调主机 1×4.7kW	热水泵 1×45kW	功率变化/ kW	能耗变化/ (kW·h)	5AM 空气温度/℃
耗电量（电表计量）/ (kW·h)	耗电量（计算：以额定功率×时间×0.9）/ (kW·h)	耗电量（电表计量）/ (kW·h)	耗电量（电表计量）/ (kW·h)			
3100	3024			-216.3	-4914	26~28
		100	1110			26~28

说明：（1）中央空调读数由 Rock Well Automation 生产的 Powermonitor 3000 Master Meter 记录，精度为+/-0.2%；

（2）由于 VFD 房空调 4 月已拆除，因此无法计量，表中以额定功率的 90%计算日耗电量。

从表 2-2-8 中的计量数据可以看出，在 7 月份的天气状况下，使用溴化锂吸收式制冷机 1 天耗电比使用螺杆压缩式制冷机减少 4914kW·h。为了计算准确，把每年的 5~10 月当作热天，以上面的计量数据作为该段时间的日节电量。测试期间，平台发电机组运行负荷为 3200kW，每小时消耗原油 200 加仑（原油密度 0.875g/cm³），以此为计算依据，则两个平台 5~10 月节省的原油量为：2×4914×183÷3200×200×3.785÷1000×0.875 = 372.3(t)。

根据西江 30-2 两个 VFD 房空调电表的记录，2009 年 1 月 12 日至 3 月 8 日的平均日耗电量为 2468kW·h，圆整为 2500kW·h 作为每年 11~4 月的日耗电量，可知平台在每年的 11~4 月，使用溴化锂吸收式制冷机一天耗电比使用螺杆压缩式制冷机减少 4390kW·h，两个平台 11~4 月节省的原油量为：2×4390×182÷3200×200×3.785÷1000×0.875 = 330.8(t)。

项目年节约原油 703.1t，节能量为 1004.4tce，年可少排放二氧化碳 2644t、二氧化硫 0.997t。项目预算为 186 万美元，实际施工过程中遇到三次台风影响，后追加为 204 万美元。按照原油价格为 70 美元一桶计算，投资回收期为 5.77 年。如果新平台设计时考虑安装吸收式制冷机的使用，整个建设成本会比西江的改造工程降低很多，投资回收期也会相应缩短。

利用海上石油生产水的余热在我国海洋石油生产过程中有广泛的适用性，溴化锂空调项目在西江油田的成功使用为该项技术在海洋石油行业的广泛使用起到一个良好的示范作用，为其他油田空调系统的开发或改造提供了一个参考方案。

2.2.4 "海洋石油 111"FPSO 主机尾气余热利用项目

一、背景

番禺油田"海洋石油 111"FPSO 位于中国南海珠江口盆地，依靠单点系泊于番禺 4-2A/B 和 5-1A/B 等井口平台之间，海域平均水深 100m。作为番禺油田的海上终端，"海洋石油 111"FPSO 为番禺 4-2 和番禺 5-1 等油田提供原油生产、储运、外输以及平台配电等服务。

"海洋石油 111"FPSO 上配有 5 台 Caterpillar 原油/柴油发电机组，为 FPSO 及周边平台提供生产和生活用电，另有 2 台燃油热介质锅炉为 FPSO 生产供热。主机所产生的尾气直接放空。为响应国家和总公司节能减排的号召，"海洋石油 111"针对主机尾气热能回收利用进行了可行性研究，确定了利用废热回收装置吸收 FPSO 上的主机尾气的废热来替代热介质锅炉给导热油加热的方案，从而替代部分原油，大幅降低原油使用量。

二、改进措施

"海洋石油 111"FPSO 四套余热回收装置是分批建立的，其中，2013 年 7 月建成 2 套余热回收装置，为"海洋石油 111"FPSO 余热回收项目一期，用于回收 4# 和 5# 原油/柴油发电机组的烟气余热；2014 年 10 月建成另外 2 套余热回收装置，为余热回收项目二期，用于回收 2# 和 3# 原油/柴油发电机组的烟气余热。

本项目的余热回收装置，是利用原油/柴油发电机组排出的高温烟气，使其以对流的形式进入废热回收装置内的换热盘管，换热盘管获得的热量直接传递给导热油，实现导热油的加热。余热回收装置盘管都是围绕着同一个中心紧紧盘绕在一起的。这些同轴心盘管是安装在一个气密的壳体内，进出口盘管是连接到消音器出口的集合管上，内部盘管的数量多少取决于主机的功率，内部盘管是相互紧紧盘绕在一起并且用焊接法紧固的。两部分之间的间隙选择原则是烟气通过时有很高的速度并且使压降保持在容许范围内。高速的烟气使得从烟气到热油有一个很好的传热率，同时，能够保持盘管加热表面的清洁。

余热回收装置示意图如图 2-2-5 所示。

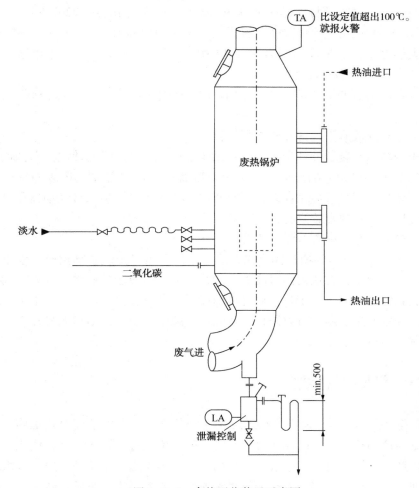

TA　比设定值超出100℃。
就报火警

热油进口

废热锅炉

淡水

二氧化碳

热油出口

废气进

min.500

LA

泄漏控制

图 2-2-5　余热回收装置示意图

"海洋石油 111" FPSO 余热回收系统与原有燃油锅炉系统采取并联的方式运行，这样余热回收装置与热介质油加热炉可以互为备用，也可相互补充，在保证安全生产的同时，可以完全取代热介质油加热炉的消耗，从而大幅度降低能源消耗。从循环泵系统经过循环泵加压的热油进入余热回收装置系统，经过余热回收装置系统加热后的热油经过节流孔板后直接到达热油分配系统，经过分配系统供给到各个舱室加热。

三、效果评价

项目实施后，高温尾气废热得到了有效利用，大幅降低锅炉原油消耗的同时减少了污染物及温室气体的排放。经测算，锅炉单位产品原油消耗由项目实施前的 1.04kgce/t 下降到项目实施后的 0.36kgce/t，可产生节能量 2267.95tce，节能效率达到 65.38%，产生了非常好的节能效果，同时年减排量为 4817.30tCO$_2$e，排放量大幅度下降。该项目投资为 1917.0168 万元人民币，静态年成本节约额 539.35 万元，项目静态投资回收期 4.6 年。

项目目前运行良好，虽在运行过程中遇到过一些问题，但都得到了解决，如下：

（1）余热回收装置冲洗盘管效果不佳。

由于余热回收装置冲洗管线接公用站淡水进行加热盘管的冲洗，但公用站淡水只有约 0.3~0.4MPa 的压力，加上余热装置的高度势位差，造成冲洗压力偏小，冲洗效果不明显。后来在余热回收装置冲洗管线前加装一台气动增压泵，通过二次加压，对加热盘管进行冲洗，效果明显。

（2）热油管路的隔离阀设计不合理。

1 期与 2 期余热回收项目都只在热油总进口和出口安装了隔离阀，如果发生一台余热装置泄漏，在快关阀可能失效的情况下，热油泄漏量增大且影响到另一台余热装置的正常运行。于是，通过坞修在每台余热装置的进出口都单独加装了隔离阀，如果发生泄漏，可以进行单台隔离，减少泄漏量，不影响另外 3 台余热回收装置的运行。

2.3　经验与总结

同放空气回收一样，余热回收也是海上设施非常重要的节能改造措施。由于海上设施生产的孤立性，因此在设计阶段一般未考虑对整体热量进行优化，导致在实际生产中存在大量的工艺余热及公用工程余热物流，尤其是公用工程烟气余热，可回收热量很大。实施该类余热回收项目节能效果非常明显，同时对减排也起到非常积极的作用。

余热回收分为工艺物流余热回收及公用工程物流余热回收，海上余热物流以公用工程余热物流为主，深圳分公司已实施的余热回收节能改造措施中，也以公用工程物流余热回收为主。"珠海终端外输压缩机加装余热回收装置"项目，利用透平压缩机组尾气余热加热导热油，在统计期内实现了 3457tce 的节能量。"'海洋石油 115' FPSO 主机尾气余热利用"项目，同样也是利用主发电机组尾气余热加热导热油，实现了 5870tce 的节能量。"'海洋石油 111' FPSO 主机尾气余热利用项目"项目，利用主发电机组尾气余热加热导热油，实现了 2258tce 的节能量。"西江 24-3 平台与西江 30-2 平台生产水低温余热利用"项目为典型的工艺物流余热利用项目，该项目利用生产水余热通过溴化锂机组进行制冷，统计期内实现了 1004tce 的节能量，节能量虽然没有公用工程余热回收项目效果明显，但该类项目属于低温余热回收，低温余热回收难度较中高温余热大，因此该项目的实施在海洋石油行业可起到一个良好的示范作用，并为生产水余热的利用提供经验。

从深圳分公司已实施的余热回收项目看，节能效果非常明显。对于已实施的公用工程物流余热回收项目，全部是利用烟气余热加热导热油，该类余热回收项目属于余热同级利用项目，余热回收效率高，设计回收方案简单；对于已实施的工艺物流余热回收项目，利用生产水余热制冷，该类余热利用类项目属于余热升级利用项目，该类项目较余热同级利用项目利用效率低，但对于 100℃ 左右的余热，同级利用较难，且难于找到合适的热阱，因此升级利用是非常好的方式；且对于海上设施工艺物流，不存在高温余热物流，除强化工艺系统内部热回收措施外，只能考虑升级回收利用。在项目的实施中，还需根据现场热源热阱匹配情况进行同级利用或升级利用。

由于余热回收项目节能效果明显、经济效益显著，因此，各级人员对余热回收节能改造措施必须给予足够重视，尤其海上生产设施生产人员，在实际工作中需不断对余热物流进行梳理，分析余热利用的可行性，并制定出可行的方案，推进余热回收工作。

3 设备改造

3.1 措施概况

海上用能设备主要为电力系统设备及燃烧设备，电力系统设备包括燃气或原油发电机、输配电设备及用电设备，用电设备主要包括泵类、压缩机类及照明设施。燃烧设备包括锅炉、热介质炉及惰气发生系统等。用能设备随着技术进步的加快，新型设备不断地出现，新型设备除技术先进、操作便利等优势外，耗能方面较老旧设备也占有较大的优势，新型设备用能效率往往更高，因此在完成同样生产要求下消耗能源更少。

小型新型设备更新较快、投资较低，例如新型电机及 LED 照明。电机更新换代较快，新型电机较老旧电机在电耗方面改善明显，在相同生产状况下新型电机节能效果明显。LED 照明目前发展已十分成熟，节能效果十分明显。大型的新型设备一般投资较高，在用能设备使用年限较长或存在较大问题时，可将老旧设备直接更换为新型设备，在设备正常运转情况下，一般选择对设备进行技术改造，提升设备效率，降低能源消耗。

设备技术改造的投资一般仅占同类新型设备购置费用的 20%～40%，将先进技术应用到设备领域，是提高经济效益和降低能源消耗的重大技术措施，凡通过技术改造能达到生产要求的，都可利用这个途径来解决，技术改造不应看成是一项被迫临时的措施，而应看成是提高用能水平的重要手段。

电力系统节能技术主要包括谐波治理技术和无功补偿技术，谐波治理技术和无功补偿技术均可提升系统功率因数，降低线路损耗，提升电能质量。用电设备节能技术种类很多，对于转动设备，常用的节能技术包括变频技术和永磁涡流传动技术，两种技术应用条件类似，均在生产条件频繁变化的情况下可产生较大的节能效果，但变频器的自身损耗会增加电耗 2%～6%，永磁涡流传动技术不会引起额外的电耗，但永磁涡流传动改造比变频改造造价高。对于多级泵，如泵的余量较大，可通过降低叶轮级数解决。海上电力系统复杂，节能空间较大，以上技术在海上油气田均具有较好的适用性。

燃烧设备节能技术发展较快，但大部分技术对大型锅炉的适用性好，节能效果明显，例如燃油锅炉节能器、冷凝型燃气锅炉节能器、冷凝式余热回收锅炉技术、热管余热回收技术、防垢除垢技术、富氧燃烧技术、旋流燃烧锅炉技术等。海上油气田锅炉、导热油炉均为小型燃烧设备，节能技术应用效果不明显。

3.2 措施应用情况

3.2.1 高栏终端 110kV 变电站无功补偿装置 SVG 整改

一、背景

高栏终端隶属于中海石油深海开发有限公司荔湾天然气开发项目，终端一期设计天然气处理规模为 80 亿方/年，用电负荷约为 18.7MW；远期设计天然气处理规模为 200 亿方/年，用电负荷约为 25.2MW。终端 110kV 变电站的一期安装容量为 2×20MVA，站内配电设施满足终端一期用电负荷 18.7MW 的需求，110kV 电源线路设计容量满足远期 200 亿方/年、用电负荷 25.2MW 需求。110kV 变电站于 2013 年 7 月调试完成投入试运行，2013 年 10 月机械完工，交付生产方。项目配套两条 110kV 电缆线路，其中一条接入 220kV 临港站，线路长度约 14.2km，一条接入 110kV 港北站，长度约 16.8km，满足"双电源"要求且满足一级负荷的供电要求。

项目自投产运行后，生产方发现电费异常，电费单中出现调整电费项目，每月发生约 200 万元，经与供电局确认为高栏终端配电系统功率因数偏低(0.4 左右)而产生的调整电费。

终端针对该问题马上组织技术力量对问题进行仔细分析，最终得出结论：两条线路(临油线和港油线)较长(14.2km 和 16.8km)，电容大，而终端用电负荷(感性负荷)小(原设计的 CO_2 回收装置因故取消)，导致功率因数考核点(分别位于供电局港北站 110kV 港油线出线开关柜和供电局临港站 110kV 临油线出线开关柜上)的功率因数值太低，持续维持在 0.1～0.4 的低水平。根据南方电网的《功率因数调整电费办法》，每个月额外支出的调整电费约 200 万元左右。

二、改进措施

为尽快解决额外支出的调整电费问题，降低公司生产成本，2014 年 4 月 16 日，高栏终端现场领导组织天津大港设计院电气主任和现场电气主操，到南方电网珠海电力设计院商讨解决高栏终端考核点功率因数低的问题，了解南方电网解决类似问题的方法及 SVG 设备的使用情况。之后，白云作业公司维修部门领导组织现场调研和专家审查会，就高栏终端 110kV 变电站增设 SVG 的可行性方案进行了充分的讨论，一致认为增设 SVG 装置不仅可以解决目前的罚款，同样也适用于终端以后的扩建。经过多次讨论，高栏终端会同白云作业公司办公室、设计院敲定了 MOC 整改方案，确定增设 SVG 设备。项目从 2014 年 4 月立项调研开始，2014 年 8 月专家审查会，2014 年 9 月设备厂家考察，2014 年 12 月设备采办，2015 年 3 月设备安装调试，至 2015 年 4 月 28 号，经过现场认真检查、确认，110kV 变电站 1 段 SVG 装置一次性送电调试成功。安装期间，终端总监和白云作业公司办公室积极协调厂家、设计院、恒源公司等各类资源，维修监督和电气主操每天讨论安装、调试方案，探讨安装调试过程中可能存在的风险和解决方案，安装过程十分顺利。

三、效果评价

高栏终端 110kV 变电站在实施无功补偿装置 SVG 整改前，因为线路的容性负载大而终端用电负载（感性负载）小，包括两条 110kV 进线电缆在内的全厂负荷整体呈容性，导致供电局电力计量点处的功率因数太低，在 0.1~0.4 左右，远远低于供电局考核标准 0.9，每月因功率因数低，罚款 200 多万元。

从 2015 年 4 月 28 日 SVG 装置整改投用至今，高栏终端每月电力计量点的功率因数由前期 0.4 提升到供电局考核标准 0.9 以上，不仅避免了每个月产生的 200 多万罚款，而且争取了供电局的奖励，改造前后功率因数对比图见图 2-3-1。经测算，年节省电力损耗在 100 万 kW·h，年节能量约为 123tce。

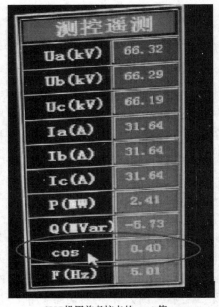
SVG 投用前考核点的 $\cos\phi$ 值

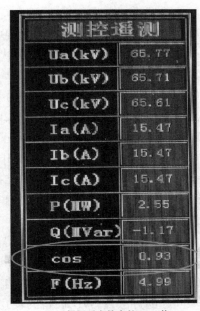
SVG 投用后考核点的 $\cos\phi$ 值

图 2-3-1　SVG 投用前后功率因数现场照片

SVG 装置投用后运行状况良好，该装置能自动跟踪用电负载的变化，实时调整输出电压、电流的幅值和相位，既可发出感性无功，亦可发出容性无功，能适应停产大修、低产低载、高产高载等各类工况。

3.2.2 番禺 30-1 平台中压海水电潜泵换型

一、背景

番禺 30-1 平台配置三台海水提升泵，为 3.3kV/1200m³/h/620kW 中压电潜泵，一用两备。为满足平台海水需求，必须启动透平主发电机组后才能投用；在复产项目期间，使用透平发电柴油消耗量大；另外，台风复产时必须等透平发电机组启动后才能投用海水泵，影响复产速度及基本生活需要。

同时，"番禺 30-1 平台钻井模块向生产模块反向送电"项目对降低平台电耗提出了更高的要求，因此，平台提出将一台中压海水提升泵变更为一台低压海水提升泵，新低压电潜泵为 400V/400m³/h/185kW；同时加装一台启动变频器，降低启动电流。改造后，应急发电机除了应急负载之外，还可以拖动该低压电潜泵，满足生活用水。

二、改造方案及实施

该方案提出后，经过讨论和评估，进行了如下项目实施工作：

1. 400V 海水提升泵安装

考虑到原海水提升泵 A/C 泵安装在中压盘 MA 段，B 泵安装在中压盘 MB 段，所以将 3.3kV 中压电潜泵 A 泵改为 400V 低压电潜泵，即新泵安装在原海水提升泵 A 泵井眼。由于新泵排量小，直径小，所以重新制作泵头到扬程管的变径和扶正器，以满足 400V 电潜泵的安装。

2. 400V 海水提升泵电缆敷设及接线

考虑特殊情况下可能恢复 3.3kV 海水提升泵，所以保留原 3.3kV 海水泵的现场接线箱及电缆；重新敷设 MCC 至海水泵现场的低压电缆，并安装新接线箱。自 MCC 至现场敷设 3 条 3×50mm²+E 的铠装动力电缆，和一条 7×1.5mm² 铠装控制电缆，并在现场安装防爆接线箱和按钮控制箱，然后和 400V 海水泵出线进行电气连接。

3. 400V 海水提升泵启动变频器安装

考虑到 400V 海水泵要在应急情况下使用，且应急发电机只有 800kW 容量，所以增加启动变频器来降低启动电流，实现应急发电机拖动 400V 海水提升泵。利用低压盘 MCC-13-1 备用柜(200kW 容量)进行馈电，在 MCC 安装一台 400V/185kW 启动变频器，输出至 400V 海水提升泵，从而实现软启动。

4. 试运行及投用

400V 海水提升泵和变频器安装完成后，进行检验检测，电气性能满足要求，开始进行电动测试转向，转向正确后，进行试运行。起泵后，海水出口压力0.8MPa，流量满足生产要求。

2017.10.05 至 2018.02.05 期间，配合平台反送电项目，400V 海水提升泵运行平稳，流量压力均满足要求，大大降低了海水泵运行电能。

2018.9.18 台风"山竹"复台期间，利用应急发电机拖动 400V 海水提升泵，满足中央空调海水需求；中控和 MCC 得到快速除湿，电力系统得以快速恢复，缩短了复台开井生产时间。

三、效果评价

该节能改造项目在平台复产期间，减少了柴油消耗，在节能减排方面发挥了重要作用，取得了明显的经济和环保效益。由 620kW 的大泵更换为 185kW 的小泵，日均节约电能 10440kW·h，累计节约电能 128.4 万 kW·h，折合标准煤 157.8tce。

此外，400V 海水提升泵小巧灵活，在复台工作、大修工作中，起到重要的支持作用。

3.2.3　珠海终端公寓楼电热水系统太阳能改造

一、背景

珠海终端公寓楼热水系统属于中央电锅炉加热系统，电锅炉加热系统由四台额定输入功率为 54kW 的电锅炉为热源，同时运行互为备用，型号为 DRE-80-54，位于公寓楼的楼顶。热水泵流量 $2m^3/h$，扬程 24m，功率 0.75kW，一用一备，用户有两层，每层 25 个房间，共 50 户，基本能满足用户需求。因高峰时间段用水量变化较大，且用水高峰时增压泵未能提供足够的流量，影响公寓正常用水；另外，水压稳定性不够，水温变化较大，影响用户体验，且缓冲罐故障率高，经常需要维护。

二、改进措施

为了解决用水峰谷时段水压不稳定的问题，在电加热器的进水端增加了变频控制器，用水低谷时段低频率运行，高峰时段工频运行。同时增加太阳能设备，在白天利用太阳能加热水，并存储起来，作为对电锅炉加热的一个热能补充。项目于 2007 年 12 月改造完成，项目新增太阳能集水罐、太阳能集热板、变频器控制系统等设备，同时改造了相关的管线、电气、仪表控制等配套设施，新增系统占地空间 $250m^2$，水罐重量 10t，项目总投资 26.5 万元。具体改造内容主要有两部分：

1. 增压泵改造

设备隔离断电、断水；拆除两台旧增压泵及两台循环泵；热工区制作增压泵、循环泵及变频器柜底座支架，采用不锈钢焊接制作；底座安装打膨胀螺丝固定；更换安装两台新增压泵及循环泵；更换单向阀及球阀；安装电磁阀、水位计、压力表传感器；敷设主电源电缆100m及接线；敷设楼顶至楼下热水罐循环泵给水管PP-R热熔管线；变频器通电调试。

2. 楼顶循环泵移位

更换安装两台增压泵；制作焊接新增压泵底座；制作热水管线支架63个；从公寓楼上敷设两条热水管线到热水罐旁边；电源控制箱从楼顶挪到热水罐旁；敷设电源电缆及电机接线；通电测试。

改进前后热水系统流程如图2-3-2及图2-3-3所示。

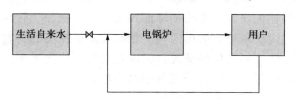

图2-3-2 热水系统改造前流程图

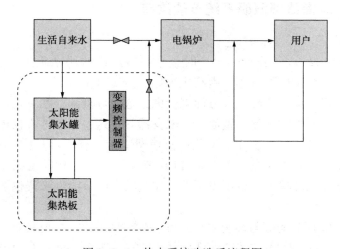

图2-3-3 热水系统改造后流程图

三、效果评价

项目改造前，由于仅利用电能加热，在用水的高峰时段不能较好地平衡出水压力，造成水温波动大，体验效果不佳；在低谷时段不可避免地又造成能源的浪费。项目实施后，在白天用水低谷时段，太阳能集热板能够把水加热到60~70℃，并储存在集水罐中，而且变频控制器能够实现此时段的低频率运行，既满足在只有少量用户时的使用工况，又节约电能；在用水的高峰时段，集水罐中的热水又能补充电锅炉加热的功率不足问题。经终端实际测算，每年可节约电力18.2万kW·h，节能量为23tce。

此项目一直正常运行，虽然运行过程中也出现一些问题，但都得到了解决。具体问题如下：

（1）循环系统主干路由于管线太长，加上温度变化大，导致管线变形；后在管路加装约50m护槽和抱箍，使得管线更加坚固平整，在集热管单元高位加装排气阀，将循环单元的PPR管改为镀锌管，消除管路的热胀变形，加装压力表等。集水罐的进出水口没有活结，不便于日后的维护和检修，设计上不合理；对此也做了改造，在进水口和出水口各加装1只PP-R活结。

（2）水箱温控器无显示，更换损坏温控器和温控探头。管路单向阀偶有关闭不到位的情况，更换质量更好的单向阀。管路及水位探头的材料不规范，容易受潮，导致绝缘差，偶有不动作的情况；将水泵电源导线换成电缆线，根据主电缆外径，更改电缆穿线管，进接线箱部分用电缆槽过渡。

经逐步维修后，热水系统运行良好。

3.2.4　珠海终端照明系统节能改造

一、背景

珠海终端于2005年投产，投产时整个终端厂的照明系统主要包括高杆灯、防爆平台灯、厂前区庭院灯等，由高压钠灯、金属卤化物灯、自整流汞灯以及各种节能灯具组成。从节能环保等方面来考虑，这些灯具都存在一定的弊端：结构上它们多了很多元器件，比如整流器、触发器等，这些元器件不仅因为体积大占用很大的空间不便于安装，而且发热严重浪费能量，有的灯具内还有有毒气体。另外，同样功率的普通节能灯相比较LED节能灯来说，亮度也相差很多，在需要同样照明强度的环境下，就不得不安装功率较大的节能灯来提供照明，导致电能浪费。

经调研，LED节能灯与传统的日光灯、节能灯对比，主要具有以下优点：

（1）白光LED灯的能耗仅为白炽灯的1/10、节能灯的1/4，10W的LED灯就可以替换40W的普通日光灯或者节能灯；

（2）环保，不含铅、汞等有害物质，对环境没有污染；

（3）无频闪，纯直流工作，消除了传统光源频闪引起的视觉疲劳；

（4）使用寿命长。

二、改进措施

为了改进终端照明系统的弊端，节省更多的电能，从2010年后开始逐步对终端的照明系统进行整改，采用合适的LED灯具来代替高压钠灯、金属卤化物灯、自整流汞灯以及各种节能灯具。项目累计投入费用 125.3 万元，所有改造在 2018 年之前全部完成。

具体实施方案如下：

（1）终端厂区共有 12 个高杆灯，主要给厂区提供夜间照明，光线强，覆盖面积大。将其原来的高压钠灯均改为 LED 强光灯。控制方面，由光时控改成时控，根据现场所处环境的昼夜情况来设定开关时间段，从而达到节能省电的效果。防爆区域控制为手动控制。

（2）厂区防爆照明平台灯，主要给主装置区框架、塔器、泵棚、装车区、码头提供照明，将其原来的金属卤化物灯改造为海洋王的防爆 LED 平台灯。

（3）厂前区庭院灯，主要给厂前区主道路提供照明。将原来的普通节能灯改造为 LED 节能灯，采用时控方式控制，根据天气和季节调节开关时间段。

（4）厂前区的草坪灯，改造前厂前区的草坪灯使用的是 220V 交流电，每个为 50W，改造后为太阳能灯具，完全不消耗电能。

（5）生活楼、办公楼日光灯逐渐淘汰，改造成 LED 节能灯具。

LED 节能灯与传统日光灯、节能灯的数据对比见表 2-3-1。

表 2-3-1　LED 节能灯与普通日光灯对比

灯源品牌	功率/W	实测功率/W	照度/LX	平均照度/LX	检测标准（测试高度）
LED 灯管	13	12.9	83.8	6.5	灯垂直中心下方 2m
飞利浦 865 型	36	40.4	86.8	2.15	灯垂直中心下方 2m
佛山照明日光灯	36	41.5	70.9	1.71	灯垂直中心下方 2m

三、效果评价

改造后终端整个照明系统节省了电力消耗，具体效果如下：

（1）高杆灯

终端厂区一共 12 个高杆灯，每个高杆灯上 9 个灯具。改造前每个高杆灯上是 9 盏 1000W 的高压钠灯，共 108000W。改造后为 9 盏 400W 的 LED 灯具，共 43200W。按照每天运行 12h 算，9 个高杆灯改造前每天使用电度数为 972kW·h，改造后为 388.8kW·h，每天节约电力为 583.2kW·h，每年节约 209952kW·h。

（2）厂区防爆照明灯具

终端厂区原来的防爆平台灯都是 150W 的金属卤化物灯，总个数为 350，改造为 45W 的防爆 LED 节能灯，按照每天运行 12h 算，相比之前每天节省的电力为 441kW·h，每年节约 158760kW·h。

（3）厂前区庭院灯

厂前区庭院灯共 108 个，改造前每个灯杆上是 2 个 100W 的节能灯，按照每天运行 12h 算，每天共使用电力为 259.2kW·h。改造后每个灯杆上只有 1 个 60W 的 LED 灯具，按照每天运行 12h 算，共 77.76kW·h。对比改造前，每天可节约电力 181.44kW·h，每年节约 65318.4kW·h。

综上高杆灯、厂区防爆照明灯具及厂前区庭院灯改造后每年共节约电力 434030.4kW·h，节能量为 53.3tce，年节省费用约 38.2 万元。

3.2.5 番禺 4-2B 平台海水系统改造

一、背景

番禺 4-2B 平台海水系统由海水提升泵（DPP-P-4001A/B/C/D/E）、海水自动反冲洗过滤器（DPP-F-4001A/B）、次氯酸钠发生装置（DPP-X-4701A/B）和海水分配管路组成。海水提升泵为潜水泵，设计三用两备，海水提升泵额定流量 450m³/h，额定出口压力 950kPa，海水提升泵泵头装有滤网，以防止大的海生物进入，各泵具有独立的启停系统。自动反冲洗海水过滤器安装在泵的出口，为一用一备。另外，为了保持海水管路的压力稳定，在海水反冲洗滤器的出口安装有压力控制阀 PV-4001，当管网内压力超过其设定值（880kPa）时，控制阀打开排海泄压，当管网压力低于 700kPa 时会产生低压报警。

提升泵入口设置在水下 15m。提升泵出口直接进入 18.5m 甲板海水系统，最高层生活楼中央空调的冷却也使用海水，甲板高度为 60.5m，因此海水提升泵整体举升高度约为 75m。若满足最高层甲板的海水使用就必须控制较低层甲板的海水流量。

从海水入口到最顶端中央空调，整个扬程高度高达 75m。海水提升泵本身的设计为了满足海水扬程必须采用多级叶轮举升，此设计导致海水提升泵功率达到 260kW，因此海水提升泵所属配电盘的负荷很大，瞬间启动电流可以达到 1200A，实时运行电流约为 450A，如此大电流的长期运行导致配电盘母排部分连接点温度超高，存在电气隐患。大功率的海水提升泵每年不停地运转也是一个巨大的能源消耗，且多级叶轮构成的海水提升泵本身机械结构较复杂，间接导致海水提升泵故障率较高，每年约更换维修两台。

为满足各甲板对海水的使用，26m 甲板的主机冷却需采用节流憋压的方式，才能满足最高层生活楼中央空调的冷却海水使用，所以均衡各个设备的海水使用就成了困扰平台很久的老大难问题，没有一个兼顾各方的办法。平台海水系统是关乎着能否安全稳定生产的重中之重，随着油田的长期发展，该问题必须得到根本性的解决，解决方案需要考虑以下几个问题。

（1）真正满足各层甲板设备的海水需求，无须采用主机节流憋压的方式，上层设备就能够有充裕的冷却海水使用。

（2）降低海水提升泵运行电流，解决海水提升泵控制盘母排温度超高隐患。

（3）减少海水提升泵故障率，降低故障维修量与经济投入。

（4）响应国家节能减排号召，降低电能消耗。

二、改进措施

为解决海水提升泵的运行问题，平台各专业与陆地相关工程师进行了多次研讨，确定整体改造思路为将原海水系统一体供水改为分体供水，经海水提升泵的海水经过自动反冲洗设备后分两路，一路直接供给主机冷却使用，另一路通过增压设备增压供给其他设备。改造后既满足了主机冷却的大流量海水需求，又满足了海水管网压力需求。具体改造内容为：

（1）将原海水提升泵由 4 级叶轮改成 3 级叶轮海水泵，额定流量 450m³/h，额定扬程 86.3m，对应甲板出口压力约 668kPa，轴功率 154kW。

（2）新增设三台海水增压泵。增加泵设计压力入口 618kPa，出口压力 900kPa，额定流量 350m³/h，轴功率约 40kW，电机 45kW。海水增压泵安装在原防海生物装置位置，该安装位置有改动管线最少、甲板下施工难度低、费用低、安装后不影响其他设备的维修空间的优点。

改造后的海水使用流程图如图 2-3-4 所示，海水提升泵出口海水直接供给主发电机，增压泵出口海水供给生活楼、消防水管网、公用站等。

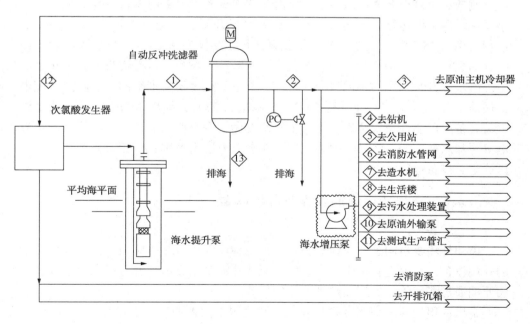

图 2-3-4　改善后的海水使用分布情况

海水泵增压泵现场安装照片如图 2-3-5 所示。

图 2-3-5　海水增压泵的现场安装完成照片

三、效果评价

改造后电网负载方面减少了一台海水提升泵运行，2 用 3 备，并增加了一台小功率增压泵的运行。经测算，改造后海水提升泵运行电流由 442A 降至 360A，运行功率由 254kW 降至 206kW，增压泵运行功率仅为 30kW，因此，实时总负载降低约 320kW，节电效果明显，节能量为 338tce，整个项目投资约为 250 万元。

海水提升泵功率的降低也彻底解决了配电盘温度超高带来的安全隐患，配电盘最高点温度由 83.9℃ 降低至 60.2℃，降幅为 23℃，提高了海水提升泵所属配电盘设备的可靠性与安全性，提高了使用寿命。海水使用方面，26m 甲板的主发电机冷却水量充裕，60.5m 中央空调冷却水压力达到 280kPa，最高点海水用户水压稳定，设备运行良好。

3.2.6　番禺油田原油外输泵叶轮改造

一、背景

原油外输泵也叫卧式多级离心泵，是一种增大传送介质压力、提高介质流量的外输设备，在海上石油生产过程中，原油外输泵主要承担着将平台生产处理后的原油通过海底管线加压输送到油轮的任务。

番禺油田创建之初拥有番禺 4-2A 和番禺 5-1A 两座平台，原油处理量大，单个平台处理量可达 83000 桶/d，为满足生产需求选用型号为 4X11DA-A 的高压六级卧式离心泵，泵的额定流量为 213m³/h，额定功率为 496kW，最大输出压力为 6.8mPa，效率为 58%，转速为 2981r/min，工作温度为 84℃。

在长达 10 年的连续开采后，原油处理量大幅降低，输出液量无法满足泵的原始设计泵效，且 2012 年油田新建平台，新老平台共用一套原油外输管线（最大压力 5.0MPa），限制了泵的输出压力。

二、改进措施

在保证外输流量的基础上，为降低外输泵电能损耗，实现节约能源减少浪费的目的，并从本质上排除外输泵外输压力高所带来的潜在隐患，决定在原有外输泵基础上，直接拆除泵的两级叶轮，降低泵的最大输出压力。此项目于 2016 年 7 月全部改造完成，项目将油田 6 台六级卧式离心泵改造为四级卧式离心泵，拆除了其中的第二级与第五级叶轮。外输泵内部结构如图 2-3-6 所示。

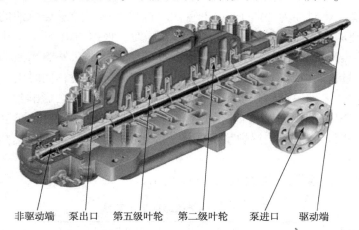

非驱动端　　泵出口　　第五级叶轮　　第二级叶轮　　泵进口　　驱动端

图 2-3-6　番禺 5-1A 平台外输泵内部结构图

具体改造步骤为：

（1）拆除外输泵第二级与第五级叶轮；

（2）进行动平衡测试；

（3）进行保压测试；

（4）试运行。

三、效果评价

该措施工作量小，改造简单，整个改造过程只需要拆解外输泵壳，拆除第二级与第五级叶轮即可，无须其他变动。改造后泵的最大出口压力由改造前的 6.8MPa 降至 4.8MPa，降低 2.0MPa；驱动电机功率由改造前的 23A 降为 16A，降低 7A；外输控制阀开度由改造前的 16% 增大到 22%，增加 6%，外输控制阀开度得到有效改善。

每台外输泵改造费用 12.5 万，一共改造 6 台，合计改造费用 75 万元。改造后，经测算电机每天耗电量由改造前的 7617kW·h 下降为 5299kW·h，每天节约 2318kW·h，每年节约用电 85×10⁴kW·h，节能量为 104tce，有效节约了能源。

3.2.7 "南海盛开号"锅炉节能改造项目

一、背景

"南海盛开号"是由一艘原名"海皇号"的油轮（1975 年建造）改装而成的 FSOU，于 1993 年完成改装工作后，入 ABS 船级，在南海珠江口盆地陆丰 13-1 油田投入使用。

"南海盛开号"之前使用一台蒸发量为 65t/h 的蒸汽锅炉，炉龄老，蒸发量大，利用率低，燃料油为外购 180CST 重油。世界船用锅炉燃烧原油的技术日渐成熟，锅炉使用 180CST 重油做燃料经济差；同时，根据 2010 年后的生产使用情况，30t/h 的蒸汽量已经足够满足生产的日常需要，只是在外输卖油期间才用到 60t/h 的蒸汽量，所以该锅炉是"大马拉小车"，非常不经济；同时由于只有一台锅炉，而且炉龄大，一旦出现故障，没有备用的锅炉使用，会影响到整个油田的生产。为响应国家和中海油节能、减排和成本控制政策，同时保证生产的稳定性，"南海盛开号"对 FSOU 锅炉系统进行了改造的可行性研究，以提高经济性和可靠性。

锅炉改造前主要技术参数如表 2-3-2 所示。

表 2-3-2　锅炉改造前技术参数

锅炉名称	蒸汽锅炉	锅炉型号	CE-V2N water tube
额定蒸发量/(t/h)	65	额定蒸汽压力/(kgf/cm²)	16
蒸汽温度/℃	208.8	给水温度/℃	90
炉膛阻力/mmHg	25.0	炉膛尺寸(深×宽×高)/mm	3065×4000×4000
燃烧机型号	SVF-350	额定燃油量/(kg/h)	1250
燃油压力/kPa	700	燃油雾化方式	蒸汽雾化式
雾化蒸汽压力/kPa	750~800	燃烧机配置数量	四台/炉

二、改进措施

为解决原锅炉经济性差、油耗高的问题，"南海盛开号"计划对锅炉系统及其燃油供给系统进行改造，使用两台新的 30t/h 蒸发量的船用锅炉替代原有的 65t/h 锅炉，正常生产时使用一台，外输作业时使用两台，用陆丰油田生产的原油作为燃烧原料，大大提高了锅炉系统的经济性及可靠性。蒸汽锅炉及辅助系统的设计，制造和检验必须符合 GB/T 14650—2005《船用辅锅炉通用技术条件》和相应的行业技术标准。锅炉厂家需取得 ABS 船级社的证书，设计及选型需符合其相关要求，必要的设计及技术文件需经 ABS 审核认可。

锅炉选型的技术参数如表 2-3-3 所示。

表 2-3-3　新锅炉技术参数

锅炉名称	蒸汽锅炉	锅炉型号	LSK30-1.6
额定蒸发量/(t/h)	30	产品编号	11448
蒸汽温度/℃	204.7	设计压力/MPa	1.8
给水温度/℃	90	工作压力/MPa	1.6
燃油雾化方式	蒸汽雾化式	燃料	原油/重油
生产日期	2012 年 5 月	生产厂家	格菱动力设备(中国)有限公司

同时，两台锅炉需布置在长 9400mm×宽 9000mm 的锅炉舱内，考虑到人员操作及检修因素，锅炉布置应限制在长 8400mm×宽 8000mm 的范围内。项目于 2012 年 9 月改造完成，完成后新锅炉正式投产。改造后照片见图 2-3-7。

图 2-3-7　改造后的锅炉及控制屏

三、效果评价

锅炉升级改造后，盛开号的生产稳定得到了保障，同时减少了能源的消耗、降低了污染物的排放，该项目共投入 1320 万人民币。经测算，在生产条件相同的情况下，旧锅炉平均每月消耗重油 830t/月，折合标煤 1185tce；新锅炉平均每月消耗原油 690t/月，折合标煤 985tce，改造之后平均每月节省燃油 140t/月，年节省燃油 1680t/a，节能量为 2400tce。

3.2.8　西江 30-2 平台管线泵降级改造

一、背景

西江 30-2 平台有油井 30 口，日产液 37 万桶，经分离器处理后原油含水约 15%，总量 1.6 万桶，使用一台 4 级离心泵增压，通过 14.5km 的海管输送到下游平台。平台的两台分离器并联运行,由外输控制阀通过调节外输流量来控制分离器油槽液位。

近年来,外输控制阀的使用寿命逐渐下降,2016 年发现控制阀使用 6 个月后,阀门的开度从 12%逐渐降低到 5%,该阀门已经很难保证海管压力平稳,严重影响平台正常生产;一旦控制阀故障或者失效,就需要将流程切换至旁通管线,靠手动开关阀门来控制流程,稍微控制不好就会导致生产关停,因此,控制阀失效分析和处理成为平台的重点工作。通过分析阀门选型、流体杂质、阀芯材质、工况和前后压降几个因素,确定主要是由于阀门前后压降过大,导致阀芯气蚀和冲刷腐蚀;通过对比增加限流孔板、采取回流控制、外输泵变频控制、外输泵重新选型和外输泵改造这几种方案,最终确定实施外输泵改造方案,通过减少外输泵叶轮数量的方法,来降低阀门前后压降,从而延长控制阀使用寿命。

二、改进措施

油田通过分析并计算,确定对泵叶轮进行拆卸,以减少进入控制阀前原油的压力。具体改进方案如下:

(1)工艺流程参数分析。

查阅资料,外输泵原始设计参数如下:

$Q = 803\text{GPM} = 182\text{m}^3/\text{h}$, $H = 1312\text{ft} = 400\text{m}$, $n = 3560\text{r/min}$。

查阅生产记录,目前运行参数如下:

$Q = 100\text{m}^3/\text{h}$,管线泵出口压力 625psi,海管压力 100psi。

油田期望通过改造能够降低前后压降、减缓气蚀,增大控制阀开度以便于海管控制压力,期望改造后的参数如下:

$Q = 100\text{m}^3/\text{h}$,管线泵出口压力大约 300psi,阀门开度 20%以上。

管线泵为 4 级离心泵,经过计算,理论上减少两级叶轮就可以实现预期目标,因此,确定了将原油外输泵由四级泵改为两级泵、去掉两个叶轮的方案。

(2)为了泵的轴向力的平衡,以及泵内流体的流动平稳,根据原油外输泵的结构特点,去掉原来的第一级和第三级叶轮,留下第二和第四级叶轮组装为两级泵使用。

(3)泵壳流道不做改动,以备根据生产和工艺流程需要,随时可以恢复为四级泵使用。

油田根据上述方案进行了泵的改造,改造后进行运行测试。同时油田做了再修正方案,以防测试结果达不到改造和使用要求,再修正方案步骤如下:

① 泵进行解体,拆除泵轴系各零部件,依次拆除减压套、减压板、叶轮。

② 分别将泵的原第二级叶轮和第四级叶轮单个做动平衡,等级 G2.5。

③ 将两个叶轮以及轴系零件(轴套等)组装在泵轴上,整体做动平衡,等

级 G2.5。

④ 回装泵，取消原第一级和第三级叶轮，将四级泵改为两级泵。

⑤ 泵组装后，进行负载运行测试，记录泵的流量、压力、振动等测试数据，检验泵是否能满足要求；测试合格后再送出海使用。

⑥ 操作联合各部门制定了憋压测试和试运行预案。

⑦ 操作征求陆地工程师意见，根据试运行参数，计算出各压力报警值的最新设定点；仪表修改设定点。

在实际改造过程中，并未启用修正方案。

管线泵改造借助管线泵大修期间进行，更换配件如表 2-3-4 所示。

表 2-3-4　管线泵改造更换配件

序号	名　称	型　号	数　量
1	机械密封	N/A	两端各 1 个
2	轴　承	SKF 6311/C3	1 件
3	轴　承	SKF 7310BECBM	2 件
4	高压垫片	0.4mm 厚	1 张
5	螺　栓	N/A	1 批
6	O 型圈	N/A	1 批
7	口环料、轴套料、泵环料	N/A	1 批
8	泵轴料	$\Phi80mm\times2100mm$（42CrMo 调质）	1 根

项目于 2016 年 5 月改造完成，改造材料费成本共计 2 万元，人工费约为 1 万元。

三、效果评价

该项目实施 3 年来，控制阀问题得到了解决，取得了良好效果：

（1）降低控制阀故障率，保证平台正常生产。

控制阀阀芯和阀座寿命从 6 个月延长到 3 年。目前除了定期的常规阀门保养之外，只需根据阀门运行情况在大修的时候对阀门内部检查，避免以前在线进行阀门更换的高风险作业。

（2）管线泵电机电流下降，节约大量能源。

管线泵降级后电流减小 18A，年节约电能 90.89 万 kW·h，约合 111.7tce。

（3）降低控制阀维保费用。

通过仪表和机修部门测算，每年可节约控制阀维保费用 60 万元。

3.2.9 "南海胜利"更换锅炉水管，增加热力除氧装置改造

一、背景

"南海胜利" FPSO 锅炉为三菱 D 型水管锅炉。锅炉改造前运行中存在一些问题，如下：

（1）原炉管设计为适合烧油的碳钢管，从 2013 年年底脱硫系统试运行后，燃烧介质改为重油或脱硫伴生气交替，但炉管材质没有更换为适合燃气的高温低合金钢；

（2）使用负荷过低（设计要求不能低于 60%，改造前维持在 30% 左右），致使锅炉水管过热碳化；

（3）屏管、墙管、蒸发管都有泄漏补焊的经历，并存在结灰、碳化、腐蚀、管内水垢的现象，其中 35 支墙管有 12 支发生过碳化泄漏的情况。

以上问题导致锅炉水管结垢严重。一般情况下，向火侧先结水垢，背火侧后结水垢；粗糙度高的部位先结水垢，粗糙度低的部位后结水垢；流速慢的部位先结水垢，流速快的部位后结水垢。由于水垢是热的不良导体，所以水垢的厚度不均，就导致炉管的局部温度差异较大，从而导致锅炉水管老化、碳化失去原有形状甚至变形，所以极易出现裂纹，之后一旦有停炉、启炉的动作，由于热胀冷缩的原因，就会出现漏泄的现象。而且水垢的产生严重影响了锅炉效率，造成燃油热利用率低，增加燃油消耗，运行效率较低，燃油损耗较高，能源浪费严重。

同时，锅炉系统设计也存在一些问题，锅炉给水系统中加给水加热器设置在给水泵与锅炉之间，这样设置导致给水加热后析出的氧气无法排除，并随着给水进入锅炉内部，腐蚀锅炉的给水系统和部件，同时腐蚀性物质氧化铁进入锅炉内，腐蚀的铁垢会造成管道内壁出现点坑，阻力系数增大。

二、改进措施

为解决锅炉系统存在的问题，"南海胜利"计划 2018 年坞修期间计划对锅炉水管全部进行更换，以提高锅炉效率，降低燃料消耗，提高燃料热量利用率，并有效解决现场因锅炉水管腐蚀弯曲而产生的隐患，保证安全生产的顺利进行。同时计划坞修期间对锅炉热水井进行改造，在热水井中增加加热盘管来实现热力除氧。

"南海胜利"根据锅炉水消耗量及热水井容量等参数计算出加热盘管的热交换面积，进而设计出加热盘管在热水井内部的走向和长度，确保改造后的加热盘管能满足现场要求，有效除去锅炉水中的氧气及其他气体。具体改造过程如下：

（1）2017 年安排第三方专业厂家对两台锅炉进行改造前的调研，并针对锅炉目前状况提出综合分析和指导性建议。

（2）2018 年 4 月到 8 月坞修期间，由专业厂家按照前期制定的施工方案对两台锅炉所有蒸发管束实施更换，完成探伤拍片及 ABS 审核工作，交付现场使用。

（3）2018 年 7 月完成锅炉热水井的整体更换并增加加热盘管，试压。

（4）2018 年 8 月 1 号对锅炉蒸汽系统进行联调正常，投入使用。

三、效果评价

"南海胜利"锅炉在使用了 45 年后，由于结垢问题严重影响了锅炉效率，造成燃油热利用率低，燃油消耗增加。锅炉完成改造后，锅炉效率大幅提高，经测算，锅炉消耗重油每天节省 2.1m³（对比正常 2018 年 1 月 15～24 日与 2018 年 10 月 1～10 日正常生产时锅炉平均耗油差值），运行统计期 87 天内（2018 年 10～12 月，除台风期），总计节省重油为：$2.1 \times 87 \times 0.9365 = 171t$。

统计期内折标煤为 244.4tce，节能效果明显。

3.3　经验与总结

设备改造是最常用的节能改造措施，导致设备改造的主要原因有：设计不合理，或随着海上生产设施工艺条件的改变，部分设备处于非最佳状态运行，导致设备能耗增高；随着设备使用年限增长设备老化，设备能耗增高；部分设备更新换代较快，新设备较老设备在能效及其他方面存在较大的优势。

设备改造包括对生产动设备的改造，例如泵类；对静设备的改造，例如锅炉；公用工程系统的改造，例如供电系统等。深圳分公司已实施的设备改造节能改造措施中，涉及各类设备的改造。动设备改造方面，"番禺 30-1 平台中压海水电潜泵换型"项目，利用低压海水提升泵替换中压海水泵，在统计期内实现了 158tce 的节能量。"番禺 4-2B 平台海水系统改造"项目，将原海水提升泵由 4 级叶轮改成 3 级叶轮海水泵，并新增了 3 台小的海水增压泵，统计期内实现了 338tce 的节能量。"番禺油田原油外输泵叶轮改造"项目，拆除了泵的两级叶轮，实现了 104tce 的节能量。"西江 30-2 平台管线泵降级改造"项目，拆除了泵的两级叶轮，实现了 112tce 的节能量。静设备改造方面，"'南海盛开号'锅炉节能改造项目"项目，使用两台新的 30t/h 蒸发量的船用锅炉替代原有的 65t/h 锅炉，统计期内实现了 2400tce 的节能量。"南海胜利"更换锅炉水管，增加热力除氧装置改造"项目，通过更换锅炉水管在不到三个月的统计期内实现了 244tce 的节能量。电力系统方面，"高栏终端 110kV 变电站无功补偿装置 SVG 整改"项目，通过增加无功补偿装置实现了 123tce 的节能量，同时避免了供电局高额的罚款。生活设施方面，"珠海终端公寓楼电热水系统太阳能改造"项目，实现了 23tce 的节能量。"珠海终端照明系统节能改造"项目，实现了 53tce 的节能量。

从深圳分公司已实施的设备改造项目看，针对泵类等动设备的改造最多，泵类改造相对比较简单，工程量小，且投资也相对较低；海上设施许多泵类均存在"大马拉小车"现象，各设施可根据实际情况，对存在问题的泵类进行换小泵、拆除叶轮或加变频器的可行性分析，并选择合适的方案进行改造。针对静设备锅炉类，一般投资相对较大，但如锅炉使用年限已久，除浪费能源外有可能存在其他隐患，因此，锅炉类的改造也需给予足够重视。对于供电系统，无功补偿装置可作为很好的一项节能技术进行推广，对于生活设施，高能效的节能产品更新换代较快，需对新产品进行关注，如果投资回收期合适，可加快对生活设施的升级改造。

大部分设备改造措施易于实施，且技术成熟，项目一般不存在失败的情况，因此，设备改造工作仍需在海上设施进行大力推广，尤其是存在较多设备运行问题的海上设施，需加大设备改造项目的推广力度，提升设备能效，降低能源消耗。

4 生产工艺优化

4.1 措施概况

海上生产设施由生产工艺设施及公用系统设施组成。生产工艺设施主要包括平台及终端的原油处理系统、天然气处理系统等，天然气处理系统由脱水、脱碳等单元组成；对于天然气终端，可能存在 LPG 系统和凝析油系统。公用系统设施主要包括冷却系统、仪表风系统、热介质系统、空调及冷藏系统、淡水系统、柴油系统、惰气发生系统、发电及输配电系统等。

生产系统及公用工程系统在运行过程中，存在大量的优化空间，生产人员可通过调整工艺流程、降低工艺系统能源需求及公用工程系统能源消耗来提高生产效益。各系统存在优化空间的原因如下：（1）各系统运行工况不佳，无法通过运行优化实现最优化。海上生产地质条件和地理环境十分复杂，导致生产设施投产后，各系统运行工况与设计运行工况存在较大偏差，现场工作人员需要通过不断操作调优实现系统运行的最优化，但操作调优对工艺系统的运行情况调整有限，部分情况下只能通过改变工艺流程实现生产工艺优化。（2）公用工程系统在设计时保留较大的设计余量，因此各公用工程系统运行效率偏低，随着工艺系统的不断建设，距离较近的工艺系统具备了共享公用工程系统的条件。

生产工艺优化一般可通过以下几种思路实现：（1）设备调整。设备调整指在原工艺流程不合理或运行不佳情况下，通过增加或移除静设备（如换热器、调压阀）或动设备（如离心泵），使工艺流程发生改变，实现工艺的优化运行。（2）流程切换。流程切换指通过改造对工艺流程部分单元进行切换或切出，实现生产工艺的优化。（3）公用工程系统共享。公用工程系统共享主要指针对不同生产工艺系统配套的各公用工程系统，如燃料气系统、共用气系统、循环水系统等，通过改造实现公用工程系统的共享，或针对电力系统，通过不同设施电力组网的方式，降低电力消耗。

深圳分公司非常重视生产工艺优化，从平台一线操作人员至平台管理人员，不断对现有生产工况进行思考、分析，提出了很多建设性意见，大部分意见经过认证讨论得到了一致认可，并在现场进行了实施。

4.2 措施应用情况

4.2.1 番禺 34-1 平台更换燃料气压力调节阀 PV-3109

一、背景

番禺 34-1 中心平台（CEP 平台）为 8 腿固定平台，主要处理番禺 34-1 气田自身生产的井流物，以及番禺 35-1 气田和番禺 35-2 气田通过 6″、15.6km 和 10″、18.6km 海底管线输送过来的生产井液。处理合格的干气和脱水凝析油共同进入一条 14″、33.1km 的海底管线被输往荔湾 3-1 气田开发工程的中心平台。处理合格后的天然气除了外输至荔湾 3-1 平台外，还通过燃料气系统处理后供给平台自用，用户主要包括透平、废热锅炉、火炬、工艺覆盖气等。

燃料气系统的设计处理量是 26.7 万 m^3/d，燃料气进口压力调节阀 PV-3109/PV-3110 按照设计处理量进行选型安装（PV-3109 和 PV-3110 并联，尺寸一致可互为备用）；而实际生产过程中，现阶段燃料气消耗量为 2.8 万 m^3/d，仅为设计处理量的 10.49%，燃料气量与调节阀严重不匹配，PV-3109 处于一种频繁调节状态，并造成了压力波动，严重威胁到主机运行的安全保障。为了稳定系统运行压力，只有人为加大下游用户的天然气使用量，同时，流经该调节阀的燃料气流量过大，导致下游用户对燃料气的消耗量也有所增长。若对 PV-3109 和 PV-3110 其中一个阀门进行优化选型，在保证系统的稳定下，可极大地减少下游燃料气消耗量。燃料气处理流程如图 2-4-1 所示。

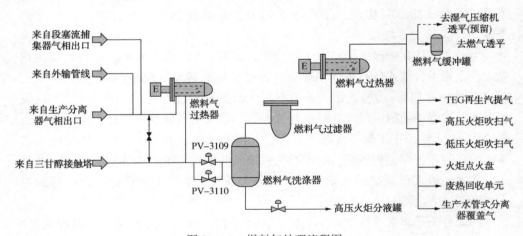

图 2-4-1　燃料气处理流程图

二、改进措施

为了保证 PV-3109 换型后能满足下游用户正常用气，且考虑阀门动作平稳，综合流量特性、压降等，经过计算，确定将 PV-3109 的阀门由 $DN50$ 改为 $DN25$ 即可满足现有工况。2016 年 1 月 19 日，经过生产方的自主选型和流程的优化稳定，番禺 34-1 平台成功更换压力调节阀 PV-3109。PV-3109 更换后，燃料气系统在 PV-3109 和 PV-3010 配合下可调范围增大，而同时由于 PV-3109 的正常处理量与目前的工况基本一致，也极大地提高了系统的稳定性。图 2-4-2 为 PV-3109 换型前后 PV-3109 阀门动作曲线。从曲线可以看出，在换型前阀门动作频繁且幅度较大，换型后阀门动作平稳，基本稳定在 25% 左右。

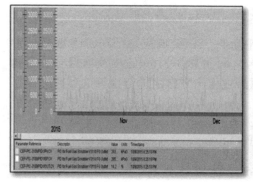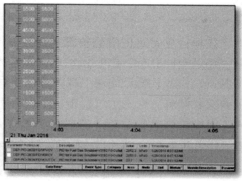

图 2-4-2　PV3109 换型前(上)后(下)PV3109 阀门动作曲线

三、效果评价

PV-3109 更换后，整个燃料气系统及下游各用户压力稳定，更换前的 PV 阀最小通过流量为 2321Nm³/h，而此时平台自耗气达不到该流量，由于实际需要流量小于最小通过流量，因此阀门开度较小，且在一定时间内开度接近 0，阀门波动较大。更换阀门后，最小通过流量为 1325Nm³/h，阀门调节相当平稳。

同时，通过 PV-3109 的换型极大地稳定了燃料气系统的压力，并且其可调范围增大，在满足下游用户正常用气时，阀门开度可保持在一个较合理的开度（25%），因此不再需要人为加大下游用户的耗气量，火炬吹扫量明显降低。图 2-4-3 为 PV-3109 换型前后火炬吹扫量的变化曲线，可见 PV-3109 的换型明显降低了火炬的吹扫量，极大降低了下游用户的耗气量。

经测算，更换 PV-3109 前，火炬燃料气消耗约 9200m³/d；调节阀更换完成后，通过进一步流程参数的优化，平台火炬燃料气日均下降至 2890.85m³/d，节省燃料气 6219.15m³/d。

项目总投资 12 万元，节能量为 2075.0tce，项目收益十分可观。

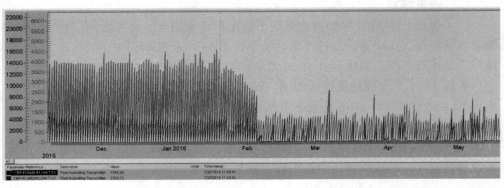

图 2-4-3　PV-3109 换型前后火炬吹扫量的变化曲线

该项目攻关时正值油价低迷时期，平台员工积极响应总公司降本增效的号召，经过全面分析、细心组织、全员参与，利用 PV-3109 的攻关项目打响了这场保产、稳产、培产的保卫战。且该项目经过生产方自主进行计算选型并完成了采购安装调试，在整个过程中，平台员工发挥自身积极性，通过优化安装方案完成了不停产安装，节约了大量的天然气。为此，得到了作业公司领导的书面表扬，极大地鼓舞了现场员工的干劲，也强化了员工的责任感和成就感。

4.2.2　高栏终端增加循环水旁滤罐和反洗水装置

一、背景

珠海高栏终端循环水系统配置四台冷却水泵，三运一备，每台水泵扬程 45m，流量 850m³/h，三组冷却塔，每塔冷却能力 1400m³/h，另有纤维球旁滤器一台，处理水量 60m³/h，改造前日常运行浓缩倍数 3.0 倍，系统主要排水是旁滤反洗水。循环水系统配置排污水回用装置一套，处理量约为 15m³/h。循环水系统流程图见图 2-4-4。

终端在日常运行中发现，目前循环水污水处理系统无法达到设计要求运行，原有纤维球过滤器已无法达到有效过滤的目的，进出水浊度几乎相差无几。另外，旁滤反洗水中残留的氧化性杀菌剂对生产、生活污水处理系统的活性污泥会造成破坏，若直接进入污水处理系统则污水处理系统出水水质差，无法实现污水零排放的设计要求。

循环水系统改造前存在的问题如下：

（1）设计要求高栏终端污水达到零排放，但循环水系统实际每天约排放 50m³ 的污水，并且其中含有杀菌剂，无法通过生产、生活污水处理系统进行回收；

（2）循环水实际循环水量约 2400m³/h，原旁滤器处理量偏小（60m³/h），未达到设计要求循环水量的 5%，即 120m³/h 的要求；

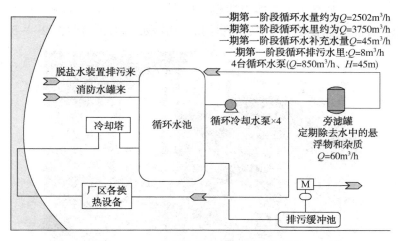

一期第一阶段循环水量约为$Q=2502m^3/h$
一期第二阶段循环水里约为$Q=3750m^3/h$
一期第一阶段循环水补充水量$Q=45m^3/h$
一期第一阶段循环排污水里：$Q=8m^3/h$
4台循环水泵（$Q=850m^3/h$、$H=45m$）

脱盐水装置排污来

消防水罐来

冷却塔

循环水池

循环冷却水泵×4

旁滤罐
定期除去水中的悬
浮物和杂质
$Q=60m^3/h$

厂区各换
热设备

排污缓冲池

图 2-4-4　高栏终端循环水系统流程图

（3）循环水系统排水污水太脏，氯离子超标，导致滤器堵塞，循环水污水处理系统的 RO 膜未投用；

（4）没有独立的旁滤器反洗水收集处理系统，导致排水超标。

二、改进措施

根据高栏终端实际运行情况，需解决的核心问题在于循环水排污水的处理及回收利用，循环水排污水是造成污水处理装置无法正常运行以及回收系统膜污染的主要因素。为了解决循环水系统污水处理能力差导致无法实现零排放的现状，高栏终端生产部门通过对循环水系统整体运行状况讨论，并结合数据分析，于2017 年 6 月开始对循环水系统进行改造工作，2017 年 10 月下旬完成投用。改造内容主要为改变化学药剂选型、增设一台过滤能力 60m³/h 的旁滤装置及增加旁滤反洗水处理工艺等，共计投资约 200 万元。

具体实施步骤为：

（1）实施循环水处理无磷化控制技术。

为解决旁滤反洗水中残留的氧化性杀菌剂对生产、生活污水处理系统的活性污泥造成破坏问题，高栏终端通过对现有循环水处理方案进行优化升级，全面实施无磷水处理技术，改变缓蚀阻垢剂类型，使用高效无磷缓蚀阻垢剂提高循环水运行的浓缩倍率，减轻系统菌藻滋生的压力，降低排污水中磷含量，并大幅减少循环水排污量。

（2）增设一台旁滤装置。

增设一台过滤能力 60m³/h 的旁滤装置，具备压差自动反洗功能，增强对循环水中悬浮物、胶体等污染物的去除能力，并逐步对原有过滤器的滤料进行更换，恢复其过滤能力，使最终的旁滤能力达到120m³/h，约为循环水量的5%，满足设计规范要求，并能起到更好净化水质的目的。新增旁滤现场照片见图2-4-5。

图2-4-5　新增旁滤器现场照片

（3）增设旁滤器反洗水处理工艺系统。

在循环水池东面增加一套旁滤器反洗水处理工艺系统，配备污水收集罐、一体化净水器、压滤机等设备，旁滤器的反洗排污水进入污水收集罐，然后经一体化净水器处理脱除污染物后进入排污水回用系统的原水箱，经双膜脱盐处理后回用至循环水系统，新增反洗水处理工艺流程图见图2-4-6。

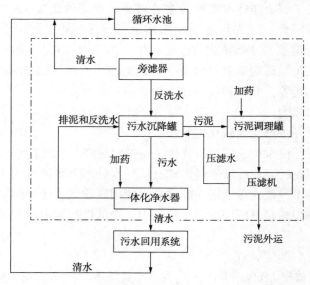

图2-4-6　新增旁滤器反洗水处理工艺示意图

三、效果评价

循环水系统改造工作完成后，投用新增循环水旁滤罐和反洗水装置，现场生产人员对改造后的效果进行了测试，将循环水旁滤流程导入新增旁滤装置，旁滤的反洗水则通过一体化处理后进循环水污水处理系统。经化验，反洗水浊度为25.5NTU，新增旁滤器出水浊度为1.5NTU，一体化出口浊度为1NTU。

经测试，新增循环水旁滤罐和反洗水装置运行状态良好，使循环水系统污水处理能力有了很大程度上的改善，保证了系统的正常平稳运行；而循环水处理无磷化控制技术的应用，也切实提高了循环水运行的浓缩倍率，减轻了系统菌藻滋生压力，降低了排污水量及水中的磷含量，使高栏终端实现污水零排放。旁滤器及一体化净水器水质检测记录见图2-4-7。

调试日期	取样时间	浊度/NTU	测试结果	备注	调试日期	取样时间	浊度/NTU	测试结果	备注
20171024	9:30	85.2	—	开始冲洗填料	20171024	9:30	5.25	—	开始进水调试
	11:30	48.7	—	继续冲洗填料		10:00	3.52	—	
	14:30	4.28	—	继续冲洗填料		10:30	1.87	合格	
	16:30	2.60	合格	旁滤器正式投用		12:00	0.6	合格	
20171025	8:30	2.26	合格			14:00	0.48	合格	
	10:30	2.45	合格		20171025	8:30	0.45	合格	
	14:30	2.38	合格			10:30	0.53	合格	
	16:30	1.92	合格			14:30	0.67	合格	
20171026	8:30	1.71	合格			16:30	0.82	合格	
	10:30	1.38	合格		20171026	8:30	1.42	合格	
	14:30	1.42	合格		20171026	10:30	1.38	合格	
	16:30	1.35	合格			14:30	1.35	合格	
20171027	8:30	1.32	合格			16:30	1.21	合格	
	10:30	1.15	合格		20171027	8:30	1.18	合格	
	14:30	0.96	合格			14:30	1.01	合格	

图2-4-7　旁滤器(左)及一体化净水器(右)水质检测记录

高栏终端循环水系统改造具体效益如下：

循环水系统改造前每天循环水污水排水量约45m³，改造后实现污水零排放，则年节约水量约：45×350＝15750m³，年节约费用：15750×3.24＝5.103万元。

高栏终端增加循环水旁滤罐和反洗水装置后，循环水系统运行处于正常状态，循环水各项指标未出现过问题，实现了污水的零排放。

4.2.3　番禺油田FPSO惰气系统改造

一、背景

番禺油田FPSO油轮上的货油舱由于所储存的原油挥发出的轻组分石油气属

于易燃易爆气体，因此如何防止油轮发生燃烧爆炸事故是生产管理上的重大问题。根据物质燃烧的三个基本要素，油田从以下三个方面采取预防措施：

① 控制油舱内的石油气浓度在安全范围内；

② 将舱内的氧气浓度降到燃烧临界浓度以下；

③ 杜绝引火源的产生。

在实际生产过程中，最简单最实际的方法就是向货油舱内灌注氧气含量很低的"惰性气体"，使舱内的氧气浓度降到燃烧临界点以下，这样就保证在生产过程中舱内的可燃气体始终处于一个缺氧的环境之中，确保了可燃气体不会在舱内燃烧或爆炸。

基于这一目的，番禺油轮 FPSO 设置了一套惰气系统，利用惰气系统燃烧柴油产生的惰气，经过洗涤塔冷却、洗涤后得到干净的惰气，为货油舱、工艺舱、重油沉降舱、主发电机日用原油储罐提供合格的覆盖气。

番禺油田 FPSO 锅炉燃烧燃料加热热介质油再给货油舱原油供热，这个过程中，锅炉燃烧燃料产生的尾气排到大气中，若利用锅炉燃烧产生的尾气经过预冷器洗涤降温后导入惰气系统中，然后再给货油舱等用户提供合格惰气，就可以取代惰气系统用柴油燃烧产生的惰气，降低柴油的耗量，起到节能减排的作用。

二、改进措施

为了利用锅炉的尾气通过惰气系统给各个用户提供覆盖气，实现节能减排目的，番禺 FPSO 对锅炉和惰气系统进行了改造和调试，项目于 2008 年 12 月完成改造及调试，惰气系统柴油发生器完全停运。

具体改造和调试内容为：

① 调试文丘里预冷器 FPSO-X-3804，保证洗涤冷却效果；

② 改造锅炉燃用原油管线，由主机分油机提供燃用原油代替流程原油；

③ 锅炉燃用输送泵改为大排量泵，使进炉燃油压力满足要求；

④ 将惰气改为锅炉尾气模式，控制系统配套改造；

⑤ 锅炉排烟管到惰气系统风机进口之间管线的气动阀门和信号传输改造；

⑥ 机械、仪表、电气专业调试炉子烟气使含氧低于 0.5%，其余气体达标；

⑦ 系统联合调试。

改造后锅炉尾气利用示意图见图 2-4-8。

三、效果评价

项目完成后，不仅节省了提油期间惰气系统消耗的柴油，同时也提高了锅炉的燃烧效果，减少了锅炉的燃油消耗量。经测算，惰气系统使用柴油量 2008 年较 2007 年相比，节约 $355m^3$，节能减排效果十分明显。

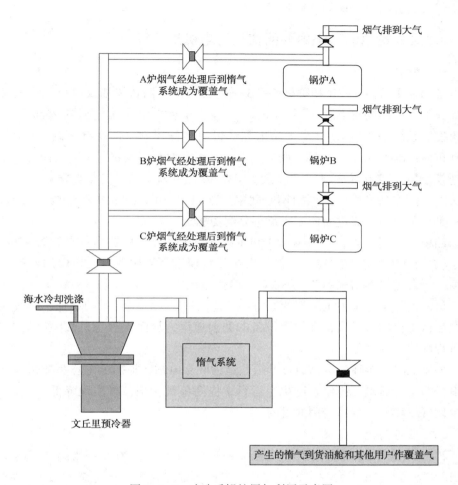

图 2-4-8 改造后锅炉尾气利用示意图

该项目目前运行良好,但也有一定的缺陷,尾气中的少量炭灰除不尽,送入大舱后造成 PV 阀堵塞,PV 阀维修频率增加。同时,该项目运行过程中遇到了一些问题,但大多数都得到了有效的解决,具体如下:

使用了锅炉尾气模式后,对油轮的多个设备影响较大,比如锅炉,每次提油都需要关闭排烟大阀至 1/4,造成炉体内压增加,锅炉端盖板容易出现密封不严问题。后经更换密封盘根,并定期维保,该问题得到了解决。

在刚启动惰气尾气模式时,调试出口含氧过程中锅炉尾气的含灰量相对正常运行时候较大,久而久之会对惰气系统的含氧分析仪造成堵塞,致使惰气系统无法正常运转。后通过提油前检查含氧分析仪,用仪表气反向吹扫灰尘,定期检验和维保含氧分析仪，该问题得到了解决。

4.2.4 番禺油田电力联网优化发电机组运行

一、背景

番禺油田番禺 4-2B 和番禺 5-1B 平台各自配置四台原油发电机，是典型的孤岛式电站，主柴油机型号为 MAK16M32C，单台发电机额定功率 7680kW，发电机控制系统采用 ABB 公司产品来完成机组启停控制、自动电压调节(AVR)、自动负荷(出力)调节、同期合闸等功能，每组发电机组设置了 1 面主控屏和 1 面就地控制屏，控制屏内设双套冗余的 PM866 控制器，各平台集控室设置 1 台操作员站，操作站采用以太网组网，间隔层通过 Profibus、Modbus 总线进行通信，同一平台各机组间通过通信完成负荷分配功能。

油田正常运营期，番禺 4-2B 和番禺 5-1B 平台有功功率各自约为 7500kW 左右(合计 15000kW 左右)，在孤岛电站运行模式下采用四台主机两用两备运行制度，每台主机的功率约为 3750kW，单台主机负载约为额定功率的 47%，长期的低负载运行降低了主机运行的经济性，造成主机原油消耗量的增加，同时由于在线运行主机的数量多，会加速设备的磨损速率，从而导致主机故障率的升高，设备维修费用的增加。

如果能将两个孤岛电站通过升级改造为联合电站，根据电网总负载来核算主发电机的运行数量，优化发电机组运行，提高单机功率，可实现降低原油消耗、减少设备故障率和维修费用的目的。

二、改进措施

2014 年番禺 10-2 平台投产，接入番禺 4-2B 平台，2015 年番禺油田将番禺 4-2B 和番禺 5-1B 平台两个独立的孤岛电站，通过敷设海底电缆和接入 EMS 系统方式进行了电力组网，形成了 8 台发电机组构成的联合电站，为番禺 4-2B、番禺 5-1B、番禺 10-2 三个平台供电。项目于 2015 年 4 月完成改造，项目新增 35kV 海底电缆、35kV/10kV 变压器、10kV 电抗器、EMS 电气控制柜、工程师操作站等设备，改造了相关电气、仪表等配套设施，完成单机调试、系统联合调试等多项工作。平台组网后，实现了 EMS 对机组的监控、无功调节(AVQC)、有功调节(AGC)等功能。

番禺 4-2B、番禺 5-1B 及番禺 10-2 平台电力组网设施设备安装一览表如表 2-4-1 所示。

EMS 能量管理系统设备安装一览表如表 2-4-2 所示。

表 2-4-1　电力组网设备安装一览表

序号	设备名称	本期规模	最终规模
一	番禺 4-2B 平台		
1	35kV 线路(回)	2	2
2	35kV/10kV 主变压器(台)	1	1
3	35kV 主变进线	1	1
4	10kV 电抗器无功补偿(Mvar)	2	2
二	番禺 5-1B 平台		
1	35kV 线路(回)	1	1
2	35kV/10kV 主变压器(台)	1	1
3	10kV 电抗器无功补偿(Mvar)	1	1
三	番禺 10-2 平台		
1	35kV 线路(回)	4	4
2	无功补偿	1	1

表 2-4-2　EMS 能量管理系统安装一览表

序号	屏柜名称	组屏内容	数量	安装地点
一	番禺 4-2B 平台			
1	EMS 公用及网络柜	2 台现场控制器等站控层设备,公用测控单元,相应网络设备	1	二次设备室
2	EMS 工作站柜		1	MCC
二	番禺 5-1B 平台			
1	公用及网络柜	2 台现场控制器等站控层设备,公用测控单元,相应网络设备	1	二次设备室
2	EMS 工作站柜		1	MCC
三	番禺 10-2 平台			
1	公用及网络柜	2 台现场控制器等站控层设备,公用测控单元,相应网络设备	1	MCC

　　EMS 网络结构分为信息层、控制层和间隔层等三层。控制层与信息层各采用整个电网一个双 100M 网络的独特结构。信息联络示意图如图 2-4-9 所示。

三、效果评价

　　项目实施前,各个平台都需要运行两台发电机组,单机功率低,柴机发电机运行经济性差,能源浪费严重。项目实施后,整个电网中只需要运行 3 台发电机组,就能满足番禺 4-2B、番禺 5-1B、番禺 10-2 三个设施的正常生产用电,单机功率约为 65%~70%。由于发电机组运行在合理的负载区间,柴油机排烟温度和工况有一定改善,故障率降低,维保时间相对延长,柴油机运行经济性提高。同时,对比孤岛电站,电力组网后整个电网的稳定性明显提高,当电网中任何一个电站出

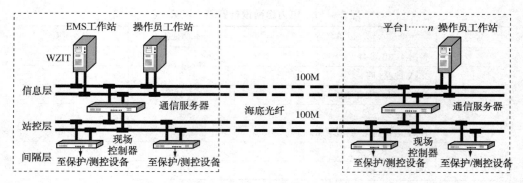

图 2-4-9 改造后信息联络示意图

现故障无法正常供电时，5-1B 电站或者 4-2B 电站都可以单独给整个电网供电，所以电网的抗风险性能得到提升，为油田的稳定生产提供了有力的保障。

根据减少一台发电机的日耗油量计算，项目年节能量为 1661tce，有效地节约了能源；同时，润滑油消耗量也有所降低，减少一台主机运行后，节省润滑油费用大约为 36 万元/年。

该项目目前运行良好，为保障电网稳定运行，番禺油田成立电力调度小组，实行番禺 4-2B 和番禺 5-1B 发电机组轮换运行管理制度，平衡电网中发电机组运行时间。

4.2.5　西江油田"海洋石油 115"锅炉尾气下舱

一、背景

西江油田设置一套供热系统，主要由 3 台 9000kW 热介质锅炉、4 台热介质循环泵、1 个热介质膨胀罐组成。受热的导热油在热介质循环泵的驱动下，流经各用户，提供热源，从而保障货油舱、工艺舱、生产处理系统的操作温度。此外油轮配备了一套惰气系统，以柴油为燃料，利用惰气发生器产生的烟气，经过洗涤塔冷却、脱硫、洗涤后得到干净的惰气，在原油外输期间给大舱补压。锅炉以原油和柴油为燃料，在运行过程中会产生大量尾气灰尘，且含有二氧化硫、二氧化碳等腐蚀性气体。锅炉尾气的直接排放，不仅会污染环境，损害员工的身体健康，同时也会加剧设备腐蚀损坏和除尘物料消耗。

二、改进措施

为了锅炉尾气污染得到有效的控制，同时加以合理利用，引入脱硫除尘系统。将三台锅炉尾气连接至一座洗涤塔，利用海水洗涤泵和除雾器冲洗水泵将海水打入洗涤塔中，通过喷淋管喷出海水与尾气中的粉尘、SO_2、SO_3 等充分接触，粉尘被洗涤进入海水中，SO_2、SO_3 等与海水中碳酸盐反应而生成亚硫酸盐或硫酸盐等排入大海。由于脱硫剂是海水，故没有副产物产生，同时由于喷淋的海水量较大，捕获的 SO_2 和烟尘在海水中的浓度非常低，硫酸盐含量为 0.12g/L，粉尘含量为 0.0035g/L，远低于排放标准，不影响水环境，可直接外排。锅炉尾气经过脱硫除尘系统净化后可分为两路排放，一路在原油外输期间充当惰气，烟气含氧量控制在 2%~5%，一路直接排放。此措施不仅有效控制烟气污染，同时合理利用烟气，实现节能减排。项目于 2011 年 12 月改造完成，项目设计、设备制造、附属设备购置等费用 255 万元；结构设计、强度校核、图纸审核等费用 25 万元；管线预制、相关设备及零配件购置、现场安装等费用 200 万元；其他费用约 10 万元；合计为 490 万元。具体改造内容如下：

（1）新增两台海水洗涤泵 P-5101A/B（一用一备）；

（2）新增两台除雾泵 P-5102A/B（一用一备）；

（3）新增海水缓冲罐；

（4）新增增压风机 BL-5101；

（5）新增"L"型喷淋处理塔及相关附属管线；

（6）新增脱硫除尘控制系统及电气、仪表、管线和结构等相关专业设备。

改进前后惰气处理流程如图 2-4-10 和图 2-4-11 所示，新增设施如图 2-4-11 虚线部分所示。

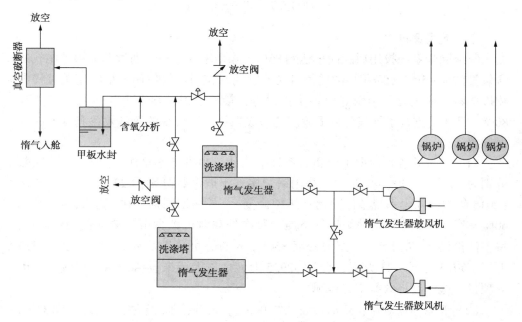

图 2-4-10　项目实施前锅炉与惰气工艺流程

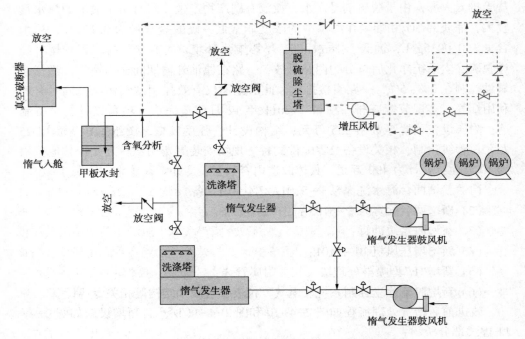

图 2-4-11　项目实施后锅炉与惰气工艺流程

三、效果评价

脱硫除尘系统投用后脱硫率达到 85%，除尘率为 75%，通过调节锅炉尾气的含氧量（2%~5%），净化后的尾气可在外输期间充当惰气使用。系统使用过程中积极探索，优化流程和做好设备维护保养，最终使得该设备全年运行时率达到 80%，且成功进行了烟气外输下舱。这一成果带来了可观的经济效益和良好的环保效益。

（1）经济效益：根据生产和船系日报统计，2015 年至 2018 年原油外输次数分别为 45、46、40、42 船次，利用锅炉尾气下舱次数分别为 22、35、20、8 次（2018 年脱硫除尘系统整体除锈及结构修复），外输期间锅炉尾气下舱利用率约 60%。若外输期间利用锅炉尾气下舱，每次外输时可减少惰气柴油使用约 8m³；按柴油价格 0.57 万元/t、柴油密度 850kg/m³ 算，可分别节约 85.3 万元、135.7 万元、77.5 万元、31 万元，合计 329.5 万元。以上还未包括柴油运输成本，因此项目实施的经济效益十分可观。

（2）节能环保效益：柴油含硫率约 0.3%，每吨柴油约产生 2t 烟尘，3t CO_2，则系统投用后四年共减少柴油消耗量 578t，换算成标准煤 838.1tce；减排 3.47t SO_2、1156t 粉尘、1734tCO_2。

该项目目前运行良好，虽在运行过程中遇到过一些问题，但都得到了解决。如下：

（1）下舱尾气含氧量不稳定。若含氧量超过 5%，则无法满足下舱标准；若低于 2%，容易导致锅炉内部积炭严重。在原油外输作业前，需要仪表和生产人员调节锅炉风油比，保证锅炉尾气含氧量稳定在 2%~5%，实现顺利下舱。

（2）夏季期间，增压风机轴承温度偏高。通过在轴承上部架设遮阳板和增加水冷措施，有效控制轴承温度过高。

（3）增压风机故障跳停。锅炉原烟阀和旁通阀无法及时切换，导致锅炉憋压跳停，损坏炉膛内部结构。仪表部门针对此问题，在锅炉控制系统增加引风机故障触发锅炉跳停的逻辑，防止锅炉憋压。

经 2018 年整体修复后，现脱硫除尘系统处于稳定运行状况。

4.2.6 西江油田主机燃油增加闪蒸装置改造

一、背景

西江油田设置有 3 台原油/柴油双燃料发电机组，主要是给西江油田提供电力。日常主机发电使用油田自产原油，但对原油闪点有安全要求，根据中国船级社《海上移动平台入级规范》中对燃油使用的安全规定：对柴油机及燃烧设备使用的燃油闪点（闭杯试验），一般不应低于 60℃。但随着惠州 25-8 平台和西江 24-3B 平台的原油接入，混合后的原油闪点大约在 45℃，FPSO 相应原油处理流程不能满足主机燃油条件，如使用柴油则经济性差。

二、改进措施

经油田调查研究，最终决定对主机燃油处理增加闪蒸处理装置，经处理后的原油闪点达到 75℃以上，解决了主机燃油问题，增加了燃油系统安全性。新上闪蒸系统装置主要由真空闪蒸塔、真空系统、真空冷凝排液系统、冷却水系统、压缩空气系统、氮气系统、输油系统、电加热系统、电控系统等组成，见图 2-4-12。

闪蒸撬体由两套相对独立的闪蒸塔组成，通过各自的进油控制管路处理；真空闪蒸塔由三节法兰短接组成，塔的上下端是浅碟型封头，上端是储泡室，中间是脱气室，下端是储液室；塔内设置 316L 不锈钢材质的金属孔板波纹高效填料，塔设置观察窗、进油口、出油口、加热盘管，原油进入闪蒸塔后，塔内顶部抽真空，塔底内部预设 316 不锈钢加热盘管，通过高温导热油进行循环热交换，补充原油因为脱气而散失的热量，原油经过塔内的金属孔板波纹高效填料，达到充分的脱气效果，脱气后重组分就留在储液室，随出油管路的输油泵打到原油沉降舱，轻组分就随真空系统通过塔顶的除沫器被抽走；塔顶的除沫器几层丝网起到了阻挡液滴的作用。

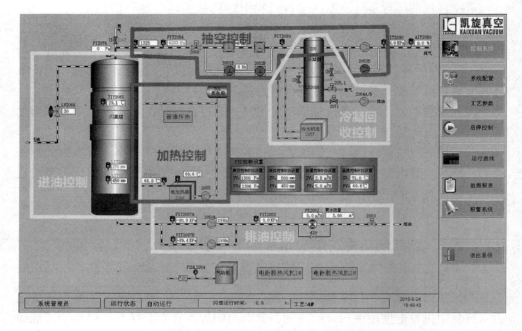

图 2-4-12　新上闪蒸系统流程简图

该项目于 2014 年完成建设，2015 年投入使用。闪蒸主要设备系统参数如下：

（1）真空闪蒸塔：最大处理能力　5m³/h（一用一备）；

（2）前级泵：德国莱宝 SP630 干泵（一备一用），抽速　630m³/h（约 175L/s）；

（3）小罗茨泵：上海阳光 ZJY/F-600A（一备一用），抽速　600L/s；

（4）大罗茨泵：上海阳光 ZJY/F-2500A（一备一用），抽速　2500L/s；

（5）真空冷凝器：冷量（T0＝2℃，TK＝40℃）　30kW；总功率　10kW；

（6）MO 螺杆输油泵（一备一用）：最大出油流量　5m³/h；

（7）爆电加热器：380V，8kW（6 台）。

三、效果评价

闪蒸装置投用后，原油闪蒸处理，原油闪点由 45℃ 提高到 75℃，提高了主机燃油系统安全性，避免了柴油充当燃油。若主机使用柴油，主机每天消耗燃油约 45m³，一年将消耗约 16425m³ 的柴油。通过增加闪蒸装置，解决了主机燃油问题，避免了柴油消耗，节约了大量经济费用，节约费用约 800 万元。同时惠州 25-8 平台和西江 24-3B 平台的原油接入"海洋石油 115"，混合后的原油闪点大约在 45℃，经过闪蒸处理装置处理后的原油闪点达到 75℃ 以上，提高了主机燃油系统安全性，满足燃油安全要求。

4.2.7　恩平"海洋石油118"FPSO闪蒸系统优化冷却工艺

一、背景

恩平油田"海洋石油118"FPSO是一座15万t级海上浮式生产储油卸油装置，该FPSO设计服务年限为30年。"海洋石油118"FPSO上设有独立的主电站，其设计容量除满足FPSO自身的用电需求外，还要通过海底电缆向恩平油田其他各平台提供电力，以保证DPP平台生产、生活及钻井作业的用电需求。主电站采用的是德国MAK公司生产的六台16M32C原油主机，每台原油主机的额定输出电功率为7680kW。主机所用燃料原油为恩平油田自产，根据CCS规范和COOOSO要求，作为主发电机燃料油的闪点不应低于60℃，油田生产的合格原油闪点较低，需要经过原油闪蒸橇处理合格后进入船体燃油舱供给主机使用。

原油闪蒸橇位于"海洋石油118"FPSO上部模块，由真空闪蒸塔、真空系统、真空冷凝排液系统、冷却水系统、压缩空气系统、氮气系统、输油系统、电加热系统、电控系统等组成。工艺流程为：来自原油处理系统的原油进入闪蒸塔，完成原油的脱气、轻烃组分的分离。脱气后重组分就留在储液室，随出油管路的燃油输送泵打到油舱。轻组分就随真空系统通过塔顶的除沫器被抽走，经过闪蒸真空冷凝塔的轻烃蒸汽冷凝后变成液体，再经过集液和排液两个过程被排至废油管路。工艺流程如图2-4-13所示。

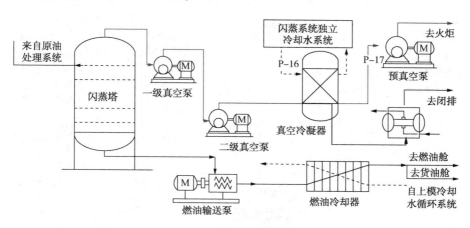

图2-4-13　闪蒸系统流程简图

原油闪蒸系统设有一套独立的冷却水系统，冷却水系统主要是为真空冷凝器提供低温冷却水来冷凝轻烃蒸汽。此冷却水系统配备了风冷式冷水机组，冷水机组的制冷功率为 30kW。根据实际生产状况需要，闪蒸冷水机组要全年不间断运行。

"海洋石油 118"FPSO 上部模块设一套闭式循环冷却系统，该系统使用海水冷却循环淡水，再使用淡水冷却原油等介质。循环冷却淡水的补充水为软化水，由 FPSO 船体内部海水淡化系统提供，主要由冷却水膨胀罐、海水冷却器和冷却水循环泵等设备组成。该套闭式循环冷却系统用于冷却进舱原油、燃料气，同时闪蒸系统下舱燃油冷却也使用该循环冷却系统。两套冷却系统同时运行造成冷却系统能耗增大。

二、改进措施

由于上部模块闭式循环冷却系统功率较大，且在实际生产过程中有较大余量，因此油田决定利用该系统为闪蒸系统真空冷凝器提供循环冷却水，但为保证生产的稳定性同时保留独立冷却水系统，两套系统并联运行。

闪蒸独立的冷却水系统冷却水管线进出口为 DN15 管线，进出口压力分别为 200kPa 和 100kPa；上模冷却水系统去用户压力为 400kPa，回水压力为 200kPa，冷却水温度为 30℃，在现有管径、压力、温度条件下可以满足冷却需求。油田工作人员充分考虑生产安全性、稳定性及改造成本等因素，只对管线连接做了改进，将现有上模冷却水系统管线接入闪蒸系统，用于真空冷凝器冷却，实现两套冷却系统并联，管线接入后流程图及改造后现场管线连接照片见图 2-4-14、图 2-4-15。

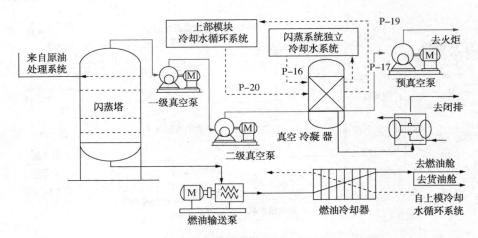

图 2-4-14　上模冷却水系统接入闪蒸系统流程简图

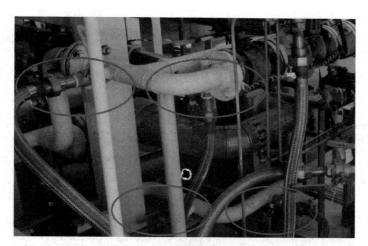

图 2-4-15 改造后现场管线连接照片

三、效果评价

项目实施后，真空冷凝器出口温度相比之前降低 3~5℃，同时析出液体量增加 15% 左右，真空冷凝器冷凝效果较之前更好。项目实施后按照每年生产 350 天计算，理论上每年可以节约电量为 84000kW·h，折标煤为 22tce。

同时闪蒸冷却水系统实现了一用一备功能，增加了系统运行可靠性，为主发电机供应安全燃油的可靠性大大增加。另外减少了闪蒸风冷机组维修费用和制冷剂更换费用。

4.2.8 恩平 23-1 平台生产和钻井公用气互供

一、背景

恩平 23-1 平台生产和钻井各安装有两台空压机(110kW/台)，生产空压机给组块设备提供公用气和仪表气，钻井两台空压机给钻井设备供气，两组空压机独立工作。考虑到极端情况下生产或钻井两台空压机故障都无法启动，影响正常生产和钻井作业，恩平 23-1 平台人员考虑将生产公用气管线和钻井公用气管线联通，互为备用。且平台停钻期间，钻台进入维保阶段，日常用气量不大，主要是钻井火气系统、风闸及除锈打磨用气，该状况下钻井压缩机运行效率较低。

二、改进措施

为保证生产的稳定性，同时降低能耗，平台工作人员将生产和钻井压缩机管线进行连接，在停钻期间关停钻井空压机，由生产空压机给钻台供气。改造前生产和钻井各有一台空压机处于运行状态，改造后停掉钻井空压机改用生产公用气，只有一台压缩机处于运行状态，见图 2-4-16。

图 2-4-16　改造后现场管线连接照片

平台人员对改造前后生产压缩机运行状况进行了对比，如图 2-4-17 所示。从三张图对比可知方案改造前后生产空压机的运行时间及各项参数基本没有变化，说明在钻井停钻期间钻井用气量很少，几乎对生产空压机不产生影响。改造前后生产压缩机加卸载状况见图 2-4-18，空压机加载过程中为额定功率运行，卸载过程功率很小，因此，根据前后加卸载时间基本无变化可知空压机在方案改造前后功率几乎没有变化。

 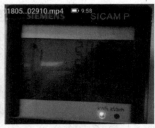 

| 项目实施前生产空压机
运行时电流瞬时值 | 项目实施前钻片空压机
运行时电流瞬时值 | 项目实施后生产空压机
运行时电流瞬时值 |

图 2-4-17　项目实施前后空压机运行时电流瞬时值工况对比

三、效果评价

为记录改造前钻井空压机运行状态，平台查询了钻井维保人员巡检记录，选取了三天正常维保状态下钻井空压机运行参数（正常使用一台机运行），记录如表 2-4-3 所示。

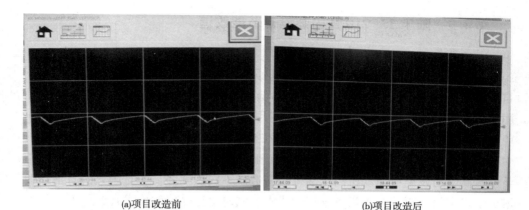

(a)项目改造前　　　　　　　　　　　　　　(b)项目改造后

图2-4-18　生产空压机在项目改造前后加卸载时间曲线对比

表2-4-3　钻井压缩机运行参数

日期	时间	运行机组	运行电流/ A	加卸载 状态	排气压力/ kPa	排气温度/ ℃	备注
2017-6-11	8：00	MDR-X-3701A	208	加载	819	88	
	12：00	MDR-X-3701A	209	加载	815	87	
	0：00	MDR-X-3701A	208	加载	805	89	
	4：00	MDR-X-3701A	0	卸载	823	90	
2017-6-12	8：00	MDR-X-3701A	207	加载	816	88	
	12：00	MDR-X-3701A	210	加载	810	89	
	0：00	MDR-X-3701A	208	加载	812	90	
	4：00	MDR-X-3701A	211	加载	815	88	
2017-6-13	8：00	MDR-X-3701A	0	卸载	827	89	
	12：00	MDR-X-3701A	209	加载	814	90	
	0：00	MDR-X-3701A	82	卸载	811	91	
	4：00	MDR-X-3701A	210	加载	812	91	

　　由表2-4-3可知，钻井空压机加载电流为200A左右，经统计在钻修井期间，空压机每天加载时间为15~18h左右。按照空压机一天加载运行时间16h计算，则每月节约电量为52800kW·h。

　　恩平23-1平台从2018年1月底完成钻井作业进入维保期后，平台停掉钻井空压机用生产空压机进行供气，到目前为止已经完成了公用气互供，经测算2018年1~9月共产生节能量52tce。

4.2.9 陆丰 13-2DPP 闪蒸设备节能改造

一、背景

中海石油深圳分公司陆丰油田作业区陆丰 13-2DPP 自建成投产以来，由于自产油品闭口闪点低（不小于 29℃），远低于发电机原动机不低于 60℃ 的安全使用规范要求，故陆丰 13-2DPP 主机燃料用油一直为流花油田的原油，通过三用船定期从流花油田运输至平台并存储于 250m³ 的原油储存罐（DPP—T—7001B）中。正常生产工况下平台每 10 天左右就要进行一次船打重油作业，流花原油由于黏度高，对发电机原动机高压油泵柱塞造成不同程度磨损，且频繁的打油作业增加了发电机燃料用油和设备维修的成本，同时也存在船舶撞平台、打油管线泄漏等较大的安全风险。为响应国家和中海油节能、减排和成本控制政策，作业区和平台相关专业人员对陆丰 13-2DPP 主机燃料用油进行研究讨论，分析了将主机燃料用油流花原油改为平台自产原油的可行性。通过对平台自产原油进行化验分析得知，自产原油较之流花油黏度低，可减少原油黏度对主机设备的影响，因此，自产原油只要满足闭口闪点不低于 60℃ 就可以给主机原动机进行供油。鉴于此，决定在陆丰 13-2DPP 安装原油闪蒸系统来提高原油闪点，从而将主机燃油由原来流花原油变为平台自产原油。

二、改进措施

陆丰 13-2DPP 闪蒸设备节能改造项目于 2012 年开始启动，2012 年 10 月闪蒸厂家人员至平台进行现场调研，并于 2014 年 9 月完成了现场改造和设备安装，经调试完毕于 10 月正式投入运行。正式投运以来，闪蒸系统运转良好，平均日处理合格原油 30m³，可以满足主机燃料用油的需求，极大降低了主机燃料用油成本和船打重油作业的安全风险。

项目实施前主机燃料油系统流程为：平台定期进行船打原油（流花自产原油）至原油储罐，储罐内原油经原油分油机处理后输送至原油日用罐中，日用罐内原油再分别经主机燃油增压橇、循环橇、过滤橇，最后供给主机发电机。

项目改造完成后原油分油机至下游流程不变，原油分油机上游流程更改为：原油缓冲罐（V-2004）→闪蒸系统→原油储罐（T-2058）→原油分油机→主机燃油系统。

项目改造后原油真空闪蒸设备布置在陆丰 13-2DPP 中层甲板上，设计处理原油能力 4m³/h。闪蒸系统主要由真空闪蒸塔、真空冷凝系统、冷却水系统、气动系统、氮气系统、输油系统、电控系统等组成，闪蒸设备节能改造项目总投资 671.4 万人民币。图 2-4-19 为原油真空闪蒸设备现场布置图。

图 2-4-19　陆丰 13-2DPP 原油真空闪蒸设备现场布置图

三、效果评价

闪蒸系统投用以来，陆丰 13-2DPP 依靠闪蒸设备处理自产原油完全可以满足主机发电机用油需求，从而节省了船打流花原油的作业费用，也因此可避免船打原油期间相关的安全风险。

（1）直接经济效益及节能量

项目实施前，据统计 2013 年陆丰油田年使用流花油田原油 20m³/d，全年共船打原油 39 船次。其中 20 船油在守护轮的日常拖航中完成，每船费用为 8.4 万元，航行消耗柴油量为 10t。另外 19 船油从码头出航，先经流花再去陆丰，往返按 3 天估算，每船费用为 50.4 万元，每次消耗柴油量 33t，全年船打原油船舶作业费共计 1125.6 万元。项目实施后，陆丰 13-2DPP 主机燃油使用平台自产原油，约 20m³/d，无须拖轮穿梭，每年可节省船打原油船舶运输费 1125.6 万人民币，节能量为 1206tce。

（2）间接经济效益

受流花油黏度影响，项目实施前主机设备附件全年维修费用约 49 万人民币。在冬季季风季节，船打重油的风险很高，为了保证船打重油的安全性，该项每年投入大约 20 万人民币左右。项目实施后，节省费用共 69 万人民币。

4.3　经验与总结

生产工艺优化是非常重要的节能改造措施，对于海上设施，生产工艺优化不仅能实现节能的目的，同时可以解决工艺系统或公用工程系统运行中存在的问题，且生产工艺优化针对性很强，实施后项目基本可成功运行，所以该项节能改造措施需要引起现场管理人员及一线生产人员的高度重视。

深圳分公司已实施的生产工艺优化节能改造措施中，有些项目取得了非常好的节能效果。"番禺34-1平台更换燃料气压力调节阀PV-3109"项目，通过更换压力调节阀，在投资仅12万元的情况下就实现了2075tce的节能量，效果非常明显。"番禺油田电力联网优化发电机组运行"项目，通过电力联网，减少了一台发电机的运行，节能量为1661tce。"西江油田"海洋石油115"锅炉尾气下舱"项目，通过增加脱硫除尘系统实现了锅炉尾气下舱，四年的统计期内产生了838tce的节能量。"高栏终端增加循环水旁滤罐和反洗水装置"项目，通过对循环水系统进行改进，年可节水15750m³。其他项目虽然节能效果不太明显，但对于增加工艺系统的稳定性及效益方面产生了很好的效果。

类似于生产运行优化节能管理措施，生产工艺优化节能管理措施无固定思路可寻，但同生产运行优化节能管理措施，只要一线生产人员用心观察思考当前的生产工艺系统、公用工程系统等运行状况，发现目前运行过程中存在的弊端，就一定可以发掘优化空间。深圳分公司之前实施的大量优化项目，也可以为生产工艺优化的开展提供一定的经验，例如：电力联网及锅炉尾气用作惰气，以上两种工艺优化措施具备一定的推广性，海上设施生产一线人员可认真分析类似项目的适用性，发掘节能改造空间。

在各生产设施生产过程中，现场一线人员必须重视生产工艺优化，通过生产工艺优化不断降低生产成本，增加各系统的稳定性及生产效益。

参 考 文 献

［1］陈建民，李淑民，韩志勇. 海洋石油工程［M］. 北京：石油工业出版社，2015.

［2］戴静君，董正远，田野. 油气集输［M］. 北京：石油工业出版社，2012.

［3］吕长江. 节能基础知识［M］. 北京：中国石化出版社，2011.

［4］王文堂，邓复平，吴智伟. 工业企业低碳节能技术［M］. 北京：化学工业出版社，2017.

［5］王岩楼等. 采油企业节能基本知识读本［M］. 北京：石油工业出版社，2011.

［6］胡以怀. 新能源与船舶节能技术［M］. 北京：科学出版社，2015.

［7］刘纪福. 余热回收的原理与设计［M］. 哈尔滨：哈尔滨工业大学出版社，2016.

［8］单志栩. 余热锅炉设备与运行［M］. 北京：中国电力出版社，2015.

［9］叶冠群. 透平压缩机余热回收技术在海上生产设施的运用和推广［M］. 北京：化学工业出版社，2018.

［10］穆为明，张文钢，黄刘琦. 泵与风机的节能技术. 上海：上海交通大学出版社，2013.

［11］王海荣. 锅炉节能技术［M］. 北京：中国电力出版社，2017.

［12］辛广路. 工业锅炉运行与节能减排操作实务［M］. 北京：机械工业出版社，2015.

［13］官庆杰. 公用工程系统节能技术与实例分析［M］. 北京：中国石化出版社，2010.

［14］周新刚，吕应刚，李毅，等. 海上电力孤岛组网工程技术［M］. 北京：清华大学出版社，2013.